LES BEAUTÉS

DE

LA FRANCE

PARIS. — IMPRIMERIE SIMON RAÇON ET C⁽ᵉ⁾
Rue d'Erfurth, 1

LES BEAUTÉS
DE
LA FRANCE

VUES DES PRINCIPALES VILLES, MONUMENTS

CHATEAUX, CATHÉDRALES ET SITES PITTORESQUES DE LA FRANCE

gravées par

SKELTON ET D'OHERTI

AVEC UN TEXTE HISTORIQUE ET ARCHÉOLOGIQUE

PAR

GIRAULT DE SAINT-FARGEAU

auteur

DU DICTIONNAIRE DES COMMUNES DE FRANCE ET DU GUIDE PITTORESQUE DU VOYAGEUR EN FRANCE.

DEUXIÈME ÉDITION.

PARIS — 1855
PUBLIÉ PAR E. BLANCHARD
ANCIENNE LIBRAIRIE HETZEL
RUE RICHELIEU, 78.

PRÉFACE.

Quoi qu'en disent quelques détracteurs moroses, la France est, sans contredit, de tous les pays de l'Europe le pays où il est le plus doux de vivre, celui dont les étrangers adoptent avec le plus d'empressement tous les usages, celui qu'ils ne quittent qu'avec peine et qu'ils regrettent toujours, celui que recommande par-dessus tout l'urbanité de ses habitants. Sur ce point il y a longtemps que notre réputation est faite. César et Agathias disaient que, de tous les barbares, *le Gaulois était le plus poli*, et, plus tard, on voit un personnage d'une des comédies de Shakspeare s'écrier qu'à toute force on peut être poli sans avoir été à la cour de France, ce qui encore constate notre supériorité en matière de courtoisie et de bonnes façons.

Dans tous les temps, ce beau pays de France, qui ne demande qu'à être tant soit peu bien gouverné pour devenir le plus florissant de l'univers, a fait l'admiration de toutes les nations, envieuses, non sans raison, de ses immenses avantages. Un des plus grands rois dont s'honore la Prusse mettait le trône de France au-dessus de tous les trônes du monde. De nos jours, une jeune princesse, fiancée d'un monarque qu'elle allait épouser à Madrid, dans son enthousiasme des beautés de la France, témoignait le désir d'y prolonger son séjour.

PRÉFACE.

« Ne t'y arrête pas plus longtemps, lui dit sa sœur. Pars, et pars vite, car la France est un pays qu'il ne faut pas trop regarder, de peur de ne pouvoir plus le quitter. »

Peu de pays, en effet, méritent autant d'être connus, pour les beautés en tout genre que l'art et la nature ont répandues à l'envi sur toute la surface de son territoire; aussi n'en est-il point qui aient autant exercé l'investigation des historiens, des touristes, des archéologues et des artistes. Plus de six mille ouvrages ont été consacrés à son histoire, à la description de ses villes, à la reproduction des monuments de tous les âges qu'on y rencontre et des sites pittoresques qui y abondent, depuis le *Catalogue des anciennes érections des villes et cités*, par Gilles Corrozet (1590), les *Antiquités des villes et châteaux*, par André Duchesne (1610), la *Topographie française*, par Ch. Chastillon, jusqu'aux *Voyages dans l'ancienne France*, en 12 vol. in-folio, et aux *Mémoires de la Société des antiquaires de Normandie*.

Une savante et curieuse bibliographie de tous ces ouvrages a été donnée récemment par M. Girault de Saint-Fargeau, auquel nous sommes aussi redevables du seul ouvrage véritablement complet qui ait été publié sur la France, le *Dictionnaire des communes de France*, œuvre colossale en trois volumes grand in-4°, qui eût fait autrefois la réputation d'une génération tout entière de bénédictins.

On n'éprouve donc que l'embarras du choix lorsqu'il s'agit de fixer son attention sur quelque point que ce soit de la France. Mais, à une époque où les préoccupations politiques laissent à peine quelques instants disponibles pour se livrer à l'étude des sciences, qui a le temps de compulser des milliers d'ouvrages? ou même de s'astreindre à feuilleter pendant quelques heures les trois volumes in-quarto de M. Girault de Saint-Fargeau qui les résument tous? Et, cependant, il n'est aucun étranger, aucun amateur de notre gloire nationale, aucun voyageur instruit, qui n'éprouve le besoin de se rappeler la vue des édifices qui ont fait son admiration, des monuments antiques qui ont si vivement captivé son attention, des sites devant lesquels il s'est arrêté pendant de longues heures, et qui ont laissé des impressions si variées dans son souvenir.

Pour satisfaire ce désir, si souvent exprimé, un habile éditeur a l'heureuse idée de publier aujourd'hui, sous le titre naïf peut-être mais juste : LES BEAUTÉS DE LA FRANCE, une précieuse collection de riches gravures sur acier, représen-

PRÉFACE.

tant avec une grande fidélité les monuments, antiquités, châteaux et sites les plus remarquables de la France, avec un texte historique et descriptif, par M. Girault de Saint-Fargeau. Nul mieux que le savant auteur du *Voyage pittoresque en France*, publié avec tant de soins par MM. Didot, ne pouvait remplir ce double but que s'est proposé l'éditeur des BEAUTÉS DE LA FRANCE, de publier un livre où l'utile fût véritablement joint à l'agréable, qui pût instruire tout en plaisant aux yeux, qui pût montrer la France à ceux qui ne la connaissent pas, et en laisser un souvenir précieux aux étrangers qui ont eu le bonheur d'en pouvoir connaître les beautés. Un pareil livre était digne d'inaugurer la renaissance de la librairie illustrée. Il remplacera avec avantage, dans les familles, dans les salons et dans les bibliothèques, ces publications, peut-être un peu trop exclusivement frivoles, qui étaient en possession de la faveur publique il y a quelques années.

S.

PARIS.

De toutes les villes du globe, Paris est, sans contredit, la ville qui représente le plus dignement l'univers intellectuel, développé par le temps, éclairé par l'expérience. Cette opulente cité renferme dans tous les genres ce que l'esprit et le génie des hommes, ce que l'art et l'industrie ont pu réaliser de plus complet en grandeur et en magnificence.

Comparée aux autres capitales de l'Europe, la supériorité de Paris n'est pas contestable. Si, sous le rapport du climat et de la beauté du site, elle est surpassée par Rome, par Naples et par Constantinople, elle est supérieure à ces villes par l'agrément de ses lieux publics; par la multiplicité des ressources de toute nature qui y sont accumulées à profusion; par la diversité des plaisirs qu'elle offre aux étrangers; par le nombre de ses établissements intellectuels. Des provinces fertiles et populeuses l'entourent, et lui fournissent, par mille voies de communication, toutes les nécessités de la vie, tout ce qu'une population accoutumée au bien-être, tout ce que la richesse et l'opulence peuvent désirer. En aucune ville on ne trouve autant de lieux consacrés aux plaisirs ou à l'instruction; autant de spectacles magiques; autant de monuments, de temples, de palais, de musées et de bibliothèques. Ses jardins publics, ses quais, ses promenades, ses boulevards surtout, sont un objet constant d'admiration pour les étrangers, dont Paris est la ville de prédilection entre toutes les villes du monde, par la raison que, outre tous les avantages que nous venons d'énumérer, ils y trouvent le peuple le plus social, le plus généreux, le plus spirituel et le plus communicatif; celui qui regarde les autres peuples comme ses frères, qui les a toujours associés à ses triomphes, et qui sait leur faire, avec le plus d'amabilité, les honneurs de sa maison et de son pays.

Paris est d'ailleurs, avec Londres, la seule grande capitale où l'on jouisse d'une grande indépendance et d'une véritable liberté. Mais Londres, ville opulente et superbe, est une ville taciturne et essentiellement égoïste, qui garde pour elle ses conquêtes et ses progrès, qui fait payer au poids de l'or presque tout ce qu'on trouve gratuitement à Paris, ville dont il est rare qu'on ne sorte pas plus éclairé, et dont on ne quitte jamais les habitants sans regrets.

Mais Paris n'est pas seulement grand par son incomparable civilisation. Immense foyer de lumière, sentinelle avancée de la liberté, l'ascendant qu'il exerce sur l'opinion publique a une puissance irrésistible; aussi, à toutes les grandes époques de l'histoire ses commotions politiques ont ébranlé le monde. Cette influence doit immanquablement s'accroître encore. Vienne le moment où le pouvoir, n'ayant plus à combattre journellement pour sa conservation, pourra s'occuper d'organisation intérieure, nulle doute que Paris, dont le budget annuel dépasse déjà cinquante millions, n'augmente encore d'importance et ne devienne la plus florissante ville du monde. Léger à la surface, le peuple de Paris n'en est pas moins dans l'action le peuple le plus sensé et le plus pratique de la terre. Ce n'est pas sans raison que l'empereur Julien disait des Parisiens : « J'aime ce peuple, parce qu'il est sérieux comme moi. » Si le sérieux n'est plus dans la forme, on peut être assuré qu'il se retrouve toujours au fond de notre caractère national. Aussi Montaigne disait-il avec son bon sens suprême : « Je ne me mutine jamais tant contre la France que je ne regarde Paris de bon œil. »

Lors de l'invasion des Romains, Paris était contenu dans l'île de la Cité, dont quelques parties même étaient cultivées. Aujourd'hui, le circuit marqué par le mur d'enceinte, élevé en 1787, est d'un peu plus de 24,000 mètres; la superficie est de 34,396,800 mètres carrés. La superficie renfermée par l'enceinte continue bastionnée est de 267,558,000 mètres carrés.

En parcourant cette grande ville, séparée en deux parties inégales par la

Seine, contenue dans son lit par des quais magnifiques, et percée dans la plus grande partie de son étendue de larges rues éclairées au gaz, où se presse une population active et intelligente; en traversant chaque quartier, où s'élèvent de beaux monuments, d'importants établissements, où se succèdent sans interruption des magasins pourvus de tout ce qu'il est possible de désirer, on ne se douterait guère de ce qu'était cette ville il y a environ cinquante ans. On y comptait alors un grand nombre d'églises, de couvents ou monastères, mais on circulait avec peine dans ses rues étroites, fangeuses et mal éclairées ; le Louvre était inachevé et dans un état complet de dégradation ; la plupart des quais et des ports n'existaient pas, ce qui forçait les habitants de traverser sur plusieurs points la rivière en bac ; les marchés Saint-Honoré, Saint-Joseph, des Blancs-Manteaux, Saint-Martin, des Carmes, Saint-Germain, aux Fleurs, ont été construits de nos jours ; on comptait à peine, dans Paris, quelques rares fontaines, et les rues étaient si mal éclairées la nuit, que ceux qui étaient obligés de sortir le soir étaient obligés de se munir d'un falot.

Cependant, dès cette époque, Paris, comparativement à ce qu'il était au quinzième siècle, avait déjà considérablement changé. Avant la grande révolution de 1789, Paris était divisé en trois villes distinctes et séparées, ayant chacune leur physionomie, leur spécialité, leurs mœurs, leur caractère, leurs priviléges, leur histoire : LA CITÉ, L'UNIVERSITÉ, LA VILLE. — La Cité occupait l'île ; l'Université couvrait la rive gauche de la Seine, et la Ville la rive droite. Dans la Cité abondaient les églises, dans l'Université se groupaient quarante-deux colléges, dans la Ville se trouvaient les palais. L'Ile était à l'évêque, la rive gauche au recteur, la rive droite au prévôt des marchands. La Cité avait Notre-Dame et l'Hôtel-Dieu ; l'Université, la Sorbonne et le Pré-aux-Clercs ; la Ville, le Louvre, l'Hôtel-de-Ville et les Halles.

Dans l'enceinte étroite de la Cité se dressaient les clochers de vingt et une églises de toutes formes et de toutes grandeurs, que dominaient les tours de l'église Notre-Dame, qu'entouraient au sud et au nord le cloître et le palais de l'évêque ; plus loin étaient la Sainte-Chapelle et le Palais-de-Justice. — L'Université renfermait le Petit-Châtelet, le palais des Thermes, la Tournelle et la tour de Nesle. Dans cette partie de la ville comme dans la Cité, les rues formaient d'interminables couloirs en zigzags, bordées de maisons à toits anguleux, à pignons bourgeois, à solives sculptées, à vitraux plombés, entremêlées d'espaces en espaces de collèges, de grands hôtels en pierres à portes massives, et d'abbayes, dont les principales étaient Saint-Germain-des-Prés, Saint-Victor, Sainte-Geneviève, etc., etc. — La Ville renfermait les hôtels Saint-Paul, de Sens, Barbeau, de Jouy, des Tournelles, la commanderie du Temple, les abbayes Saint-Martin, des Filles-Dieu, etc., etc. Le centre était occupé par un monceau de maisons, de rues étroites, croisées, se groupant autour des halles, que dominait la tour de l'église Saint-Jacques-la-Boucherie. Au bord de la Seine s'élevait le Louvre, avec ses vingt-quatre tourelles et sa grosse tour. A la droite du palais des Tournelles se dressait la Bastille, immense donjon flanqué de neuf tours et environné de fossés.

Si on se reporte, par la pensée, au milieu de cette ville du moyen âge pour se figurer les mœurs et les habitudes du passé; si l'on se retrace ses rues étroites et sinueuses où pullulait une population souffreteuse, bordées de maisons mal alignées, toutes variées dans leurs constructions, d'hôtel à grandes portes, surmontées d'un écusson bizarre, et garnies de clous à tête carrée disposés en losanges, à fenêtres défendues par des barreaux de fer, comme des loges de bêtes féroces, on aura peine à reconnaître le Paris de 1850, avec ses candélabres de gaz, ses beaux passages, ses riches magasins fermés par des glaces, et ses boulevards où se croisent les plus somptueux équipages.

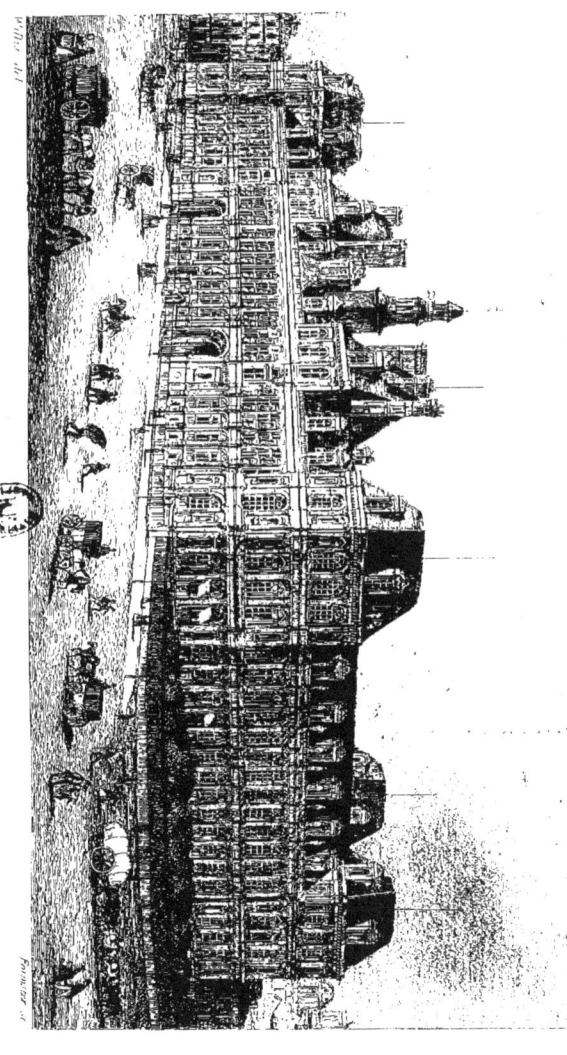

HOTEL-DE-VILLE.

L'histoire de la ville de Paris, et même d'une partie de la France, se résume dans l'histoire de l'Hôtel-de-Ville de Paris. C'est là que, tour à tour menaçant, irrité, calme, superbe, fort, puissant, résigné, exalté, abattu, vaincu ou triomphant, paisible ou tourmenté, sage ou en délire, féroce ou sublime, on vit le peuple réclamer ses droits, conquérir ses franchises, honorer la vertu, s'arroger le droit de châtier le crime, gémir sur ses désastres, ou célébrer ses fêtes; commencer, continuer, et accomplir enfin toutes ses révolutions.

L'origine de l'Hôtel-de-Ville de Paris tient à l'origine même de Paris ; sur son emplacement furent élevées les premières maisons de cette cité, dont les habitants constituèrent plus tard cette *Hanse parisienne*, qui obtint de Philippe-Auguste le droit de construire un port sur la Seine pour le débarquement de leurs marchandises, et de percevoir des contributions sur les bateaux qui remontaient ou descendaient la rivière.

La Hanse de Paris fut, par la succession des temps, transformée en municipalité, dont les membres reçurent le titre d'échevins, et le chef celui de prévôt des marchands. Les anciens historiens font mention de quatre endroits où se tenaient les assemblées de la Hanse de Paris : à la vallée de Misère, près la place du Grand-Châtelet; près de l'enclos des Jacobins, entre la place Saint-Michel et la rue Saint-Jacques, et enfin sur la place de Grève, dans une maison dite maison aux piliers, sur l'emplacement de laquelle Pierre de Viole, prévôt des marchands, posa, sous le règne de François Ier, en 1533, la première pierre de l'Hôtel-de-Ville qui existe aujourd'hui, et qui ne fut achevé qu'en 1606, sous le règne de Henri IV.

Le 27 janvier 1382, Charles VI, ayant aboli la prévôté des marchands, donna au prévôt de Paris l'hôtel dit Maison-de-Ville, pour y exercer son autorité, et, pendant le mois de février seulement, plus de cent bourgeois de Paris furent exécutés sur la place qui précède cet édifice : ils s'étaient réunis sous la présidence du prévôt des marchands pour rédiger leurs doléances contre les violences exercées par les parents du roi. — Sous la Fronde, la duchesse de Longueville s'établit à l'Hôtel-de-Ville, où elle mit au jour un fils qui reçut le nom de *Paris*. — C'est à l'Hôtel-de-Ville que siégeait, sous la Ligue, le conseil des Seize, qui, étant parvenu à s'emparer du pouvoir, fit pendre, dans une salle basse du Châtelet, le premier président Brisson et les conseillers Larcher et Tardif, que Mayenne vengea en faisant pendre quatre des plus factieux des Seize, dans une salle basse du Louvre.

La municipalité de Paris, composée du prévôt des marchands, de quatre échevins et de vingt-six conseillers, élus tous les ans le 16 août, jour de la Saint-Roch, siégea à l'Hôtel-de-Ville jusqu'en 1789, époque où elle fut remplacée de fait par les électeurs de Paris, lors de la convocation des États Généraux. Après la prise de la Bastille, le gouverneur de cette forteresse fut entraîné et massacré à l'Hôtel-de-Ville, où le lendemain furent assassinés M. Foulon et M. Berthier de Souvigny. Deux jours après, Louis XVI parut au balcon de l'Hôtel-de-Ville, où il arbora la cocarde tricolore, et installa Bailly maire de Paris. — Le 10 août 1792, l'administration municipale fut suspendue par cent quatre-vingts commissaires des sections, que l'Assemblée législative remplaça par quarante-huit membres de chacune des sections de la capitale, qui constituèrent la célèbre commune de Paris, dont la durée fut de cinq années, et qui occupa le plus souvent la première place parmi les assemblées et les pouvoirs auxquels les événements donnèrent naissance ; c'était alors une fonction bien périlleuse que celle de maire de Paris : des cinq magistrats qui la remplirent, trois payèrent de leur tête ce funeste honneur : Bailly, Pétion et Fleuriot. Après le 9 thermidor, la commune de Paris fut administrée par des commissions nommées par la Convention. Sous l'Empire, sous la Restauration et sous le gouvernement de Juillet, au mode électoral succédèrent les nominations arbitraires, et ainsi disparut dans la ville de Paris jusqu'aux traces du régime municipal.

L'année 1830 sera inscrite comme une des années les plus célèbres dans les fastes de l'Hôtel-de-Ville. Des ouvriers, à peine armés de sabres, s'emparèrent de ce poste important, qui, dans le cours de la journée du 28 juillet, fut le théâtre le plus sanglant de l'attaque et de la défense jusqu'à six heures du soir. Le 31 juillet le duc d'Orléans, proclamé régent du royaume par la Chambre des députés, jurait à l'Hôtel-de-Ville de maintenir les libertés publiques, et y recevait ce sévère avertissement qu'il a dû se rappeler souvent depuis Février 1848 : « Vous venez de prendre des engagements, faites en sorte de les tenir ; car, si « vous les oubliez, le peuple, qui est là, sur la Grève, saurait bien vous les rap- « peler ! »

Il les lui rappela, en effet, en 1848, à l'Hôtel-de-Ville, où s'installa le gouvernement provisoire, qui abolit la monarchie et proclama la République.

Sous l'Empire, l'Hôtel-de-Ville fut le théâtre de fêtes splendides. Chaque année, la ville donnait à l'Hôtel-de-Ville un banquet et un bal au souverain, indépendamment des fêtes improvisées après une conquête, après une victoire, après un royaume ajouté à l'Empire. L'une des plus belles de ces fêtes fut celle donnée à l'occasion du mariage de l'Empereur avec Marie-Louise. La Restauration se prêta d'abord d'assez bonne grâce à ces réjouissances ; mais, peu à peu, on sembla dédaigner ces rapprochements, et les bals de l'Hôtel-de-Ville tombèrent en désuétude.

L'Hôtel-de-Ville fut considérablement agrandi en 1801, lors de la démolition de l'église du Saint-Esprit et de l'église Saint-Jean. En 1836, on commença les travaux pour isoler et agrandir, sur une immense échelle, cet important monument, et cinq années suffirent pour démolir plus de trente maisons, jeter les fondements, et élever le vaste édifice qu'on admire aujourd'hui, dont les grosses constructions ont été achevées en 1841.

L'Hôtel-de-Ville présente un parallélogramme régulier, un peu plus long que large, ayant vingt-cinq croisées sur chaque façade tournées à l'est et à l'ouest, et dix-neuf sur les façades tournées au nord et au sud. Quatre pavillons à trois étages flanquent les quatre angles, et deux pavillons intermédiaires s'élèvent au milieu des grands côtés, non compris le beffroi qui domine la principale entrée. Ces pavillons sont unis par des corps de bâtiments à deux étages avec mansardes; cinq cours, malheureusement irrégulières, partagent intérieurement les nombreuses constructions de ce splendide édifice. — Du côté du midi sont les grands et les petits appartements préfectoraux; dans le soubassement sont les cuisines, à l'entresol les petits appartements où loge le préfet. Au premier, auquel on monte par un magnifique escalier construit dans le pavillon sud-ouest, sont les grands appartements municipaux communiquant avec les anciens; au-dessus sont les bureaux. — Dans des niches, réservées entre l'entre-colonnement des croisées des façades, sont placées des statues de magistrats ou de grands hommes auxquels la ville de Paris a décerné cet honneur solennel, parmi lesquels on remarque principalement : Mansard, Philibert Delorme, Lebrun, Lesueur, Perronet, Pierre Lescot, Jean Goujon, Sully, Juvénal des Ursins, Henri-Estienne, l'abbé de l'Épée, Turgot, Bailly, etc.

C'était jadis sur la place de Grève que se donnaient les spectacles et les réjouissances publiques; c'était là où l'on faisait des feux de joie la veille de la fête de la Saint-Jean, genre de réjouissance qui se pratiquait jadis avec une grande solennité; sous François Ier, toute la cour y assistait, et le roi lui-même allumait le feu en grande cérémonie. — Aux époques de la Ligue et de la Fronde, la Grève a été le théâtre de beaucoup de scènes tumultueuses et sanglantes. Cette place a été pendant plusieurs siècles le théâtre des exécutions capitales. Là périrent Jean de Montaigu, le connétable de Saint-Pol, le maréchal de Biez et son gendre Couci de Vervins, l'illustre conseiller Anne Dubourg, la Mole et le comte de Coconas, le jésuite Guignard, le maréchal d'Ancre, les duellistes Boutteville et Deschapelles, le maréchal de Marillac, le comte de Horn, Lally Tollendal, le marquis de Favras, Georges Cadoudal et ses complices, les quatre sergents de la Rochelle, etc., etc. C'est sur cette place que se fit la première expérience de l'instrument de mort appelé guillotine, qui fut transféré après la révolution de juillet au rond-point de la barrière Saint-Jacques.

ÉGLISE MÉTROPOLITAINE DE NOTRE-DAME

ÉGLISE NOTRE-DAME DE PARIS.

La plus grande incertitude règne sur l'origine, le nom et la situation de la première cathédrale de Paris. Quelques auteurs pensent qu'elle fut érigée sous le nom de Notre-Dame à l'endroit où elle existe aujourd'hui, tandis que d'autres croient qu'elle a été bâtie dans un lieu voisin sous le nom de Saint-Étienne, nom qu'elle changea plus tard en celui de la sainte Vierge. — Le premier titre authentique qui fasse mention de cette église est une charte datée de la quarante-septième année de Childebert, *qui donne par cette charte la terre de Celles, près de Montreau-faut-Yonne, à l'église mère de Paris, qui est dédiée à l'honneur de sainte Marie.* Cette église n'ayant pas été trouvée assez vaste, ou tombant en ruines, Maurice de Sully, évêque de Paris, entreprit de la faire rebâtir sur les fondements de l'ancien édifice, et le pape Alexandre III, qui était alors à Paris, en posa la première pierre (en 1163 environ). Eudes de Sully, son successeur, fit continuer la construction et terminer le chevet; les deux croisées ne furent commencées qu'en 1257; mais on n'avait pas attendu ce temps pour célébrer l'office divin dans cette église, le grand autel ayant été consacré quatre jours après la Pentecôte, en 1182.

L'église Notre-Dame, bâtie en forme de croix latine, a 126 mètres 68 centimètres dans œuvre, 48 mètres 7 centimètres de large, et 33 mètres 77 centimètres de haut. Cent vingt gros piliers de 1 mètre 33 centimètres de diamètre soutiennent les voûtes principales. La nef et le chœur sont accompagnés de doubles bas côtés, formant de larges péristyles, et d'un grand nombre de chapelles; on y entre par six portes. La façade principale se fait remarquer par son élévation, par sa sculpture, et par le caractère imposant de son architecture; elle est terminée par deux grosses tours carrées de 91 mètres de haut, et l'on monte par 380 degrés. Cette façade est percée de trois grandes portes par lesquelles on entre dans l'église : le portique dit de la Vierge, le portique du milieu, et le portique de gauche, dit de sainte Anne. Ces portiques, pratiqués sous des voussures ogives, sont chargés de divers ouvrages de sculpture représentant plusieurs traits qui ont rapport à l'histoire du Nouveau Testament. Du côté où était autrefois l'archevêché est le portail méridional, dit de saint Marcel, où sont représentés en bas-reliefs les principaux traits de la vie de saint Étienne. Le portail septentrional est orné de bas-reliefs qui représentent plusieurs traits de la vie de saint Marcel, évêque de Paris.

Le chœur, pavé en marbre, a 42 mètres de long sur 15 mètres de large. Deux estrades en marbre griotte d'Italie, servant de jubé, le séparent de la nef. De chaque côté règnent de magnifiques boiseries sculptées au-dessus de vingt-six stalles. Le maître-autel est élevé sur trois marches semi-circulaires en marbre de Languedoc : il a 4 mètres 22 centimètres de longueur, non compris les piédestaux qui l'accompagnent. Cet autel est en marbre blanc, et décoré sur le devant de trois bas-reliefs; celui du milieu, en cuivre doré, représente Jésus-Christ mis au tombeau. — Pour accompagner l'ancien autel, on a dénaturé le système d'architecture du chœur, en convertissant les arcs ogives en pleins cintres, et les piliers en pilastres.

La baie de l'arcade du milieu qui est derrière le grand autel forme une niche occupée par un groupe en marbre blanc composé de quatre figures, dont les principales ont 2 mètres 66 centimètres de proportion. La Vierge, assise au milieu, soutient sur ses genoux la tête et une partie du corps de son Fils descendu de la croix; le reste du corps est étendu sur un suaire. Un ange, sous la forme d'un adolescent, soutient à droite une main du Christ, pendant qu'un autre ange tient la couronne d'épines. Derrière, sur le fond en cul-de-four, incrusté en marbre bleu turquin, paraît une croix surmontée de l'inscription: un grand linceul tombe du haut de la croix et vient se perdre derrière les figures.

Ce groupe, de N. Coustou, est un ouvrage admirable; la tête du Christ est d'une rare beauté.

A l'entrée de la porte septentrionale, et près de l'escalier par lequel on monte aux tours, est un bas-relief du quinzième siècle représentant le jugement dernier.

Dans l'ancienne chapelle de la Vierge est la belle statue dite la Vierge des Carmes, sculptée à Rome par Aut. Raggi, dit le Lombard. Le lutrin en bois placé dans cette chapelle est remarquable par l'élégance de sa construction et la belle exécution du travail. Il est supporté par un piédestal triangulaire orné de figures en bas-reliefs représentant saint Pierre, saint Paul et saint Jean l'évangéliste, et les vertus théologales, la Foi, l'Espérance et la Charité.

La chapelle de la décollation de saint Jean-Baptiste renferme le mausolée en marbre érigé, en 1808, à la mémoire du cardinal de Belloy, archevêque de Paris. Ce monument se compose de quatre figures, dont trois ont 2 mètres 45 centimètres de hauteur. Le prélat, assis dans un fauteuil placé sur son sarcophage, est représenté offrant les secours de la charité à une famille indigente. La femme qui reçoit le don a la main droite appuyée sur l'épaule d'une jeune fille. Du même côté, saint Denis, premier évêque de Paris, placé sur une petite masse de nuages, montre aux fidèles son successeur, et semble le proposer comme un exemple de vertus.

La cathédrale de Paris est le grand témoin de notre histoire depuis six cents ans. Elle a vu nos grandes solennités, nos révolutions, nos discordes, dont nous croyons devoir indiquer les principaux traits :

En 754, le pape Étienne sacra dans cette église Pepin le Bref, ainsi que ses deux fils et leur mère.

Le 18 août 1572, six jours seulement avant le massacre de la Saint-Barthélemy, le mariage du roi de Navarre, depuis Henri IV, avec Marguerite de Médicis, fut pompeusement célébré dans l'église Notre-Dame.

Le 20 brumaire an XI (10 novembre 1793), la Convention nationale, qui avait reçu deux jours avant de l'archevêque de Paris Gobel et de ses douze vicaires la déclaration qu'ils renonçaient à exercer les fonctions du culte catholique, décréta sans discussion l'abolition de ce culte, et changea par ce décret le nom de l'église Notre-Dame en celui de *Temple de la Raison*. La même année, la commune de Paris vota et arrêta la démolition de cette basilique.

Le 11 frimaire an XIII (1ᵉʳ décembre 1804) eut lieu dans l'église de Notre-Dame la cérémonie du sacre de l'empereur Napoléon Bonaparte par le pape Pie VII.

Le mariage du duc de Berri avec la princesse des Deux-Siciles fut célébré, le 17 juin 1816, dans cette basilique, où fut célébré aussi, le 2 mai 1841, le baptême du comte de Paris.

Entre autres personnages remarquables qui ont été enterrés à Notre-Dame, on cite le cardinal de Noailles, l'évêque J. Juvénal des Ursins, Albert de Goudi, maréchal et duc de Retz, Pierre de Marca, le maréchal de Guebriant, etc., etc.

HOTEL DES INVALIDES.

Philippe-Auguste et Henri IV entreprirent sans succès d'ouvrir un refuge assuré aux défenseurs du pays hors d'état de faire un service actif, mais ce projet ne put être réalisé que sous le règne de Louis XIV, auquel on doit la fondation de l'Hôtel des Invalides. Avant lui, on pourvoyait au sort des hommes de guerre caducs ou mutilés en les plaçant dans des prieurés ou des monastères, dont ils étaient obligés de balayer les églises et de sonner les cloches. L'édit de création fut promulgué en 1664, et l'Hôtel ouvert en 1670.

Situé à l'entrée de la plaine de Grenelle, entre le faubourg Saint-Germain et le Gros-Caillou, l'Hôtel des Invalides couvre un espace de trente-deux hectares. Une immense esplanade, accompagnée de longues allées d'arbres, précède l'avant-cour, fermée d'une grille et environnée de fossés; des boulevards bien plantés entourent le monument, auquel aboutissent plusieurs avenues. — La façade a 204 mètres de longueur : elle est divisée en quatre étages, et percée de cent trente-trois fenêtres. Au centre est la porte d'entrée, surmontée d'une forme cintrée, où l'on voit un bas-relief représentant Louis XIV à cheval. Par cette porte on pénètre dans une cour dont le plan offre un parallélogramme de 130 mètres de long sur 65 mètres de large. Dans les combles de l'édifice est la salle des plans en relief des places fortes de France, où on ne pénètre qu'avec une permission du ministre de la guerre. Au centre de la façade opposée à l'entrée est le portail de l'église, qui communique à une seconde église, dite le Dôme, construction vaste et magnifique, où l'on a prodigué toutes les richesses artistiques : le pavé, le pompeux baldaquin de l'autel, les peintures, les sculptures, tout est d'un fini précieux. Le dôme est orné, à l'extérieur, de quarante colonnes d'ordre composite, et a son portail particulier du côté d'une large avenue; ce portail a 60 mètres de largeur sur 32 mètres de hauteur. Le diamètre du dôme est de 17 mètres. A travers une ouverture circulaire, pratiquée au milieu de la première coupole, ornée de peintures et de caissons, on voit la seconde coupole, éclairée par des jours que l'observateur ne peut apercevoir, et où le peintre Lafosse a représenté la gloire des bienheureux. Du pavé à l'extrémité de la flèche, le dôme a 105 mètres de hauteur; sa forme élégante et pyramidale, et ses heureuses proportions, frappent d'étonnement et d'admiration tous ceux qui le voient pour la première fois.

Le 9 février 1800 fut célébrée aux Invalides une cérémonie en l'honneur de Washington. Le général Lannes présenta au ministre de la guerre, Berthier, quatre-vingt-seize drapeaux pris en Égypte, et prononça une harangue courte et martiale, à laquelle Berthier fit une réponse du même genre. Celui-ci était assis entre deux invalides centenaires, et il avait en face un buste de Washington ombragé de mille drapeaux conquis sur l'Europe par la France républicaine. M. de Fontanes prononça, dans un langage superbe, l'éloge funèbre du héros de l'Amérique.

Le 22 septembre de la même année, le corps de Turenne, qui, lors de la violation des tombeaux de Saint-Denis, avait été transporté au Musée des Petits-Augustins, fut solennellement transféré aux Invalides sur un char attelé de quatre chevaux blancs, dont quatre généraux, mutilés au service de la République, tenaient les cordons. Le corps de Turenne fut placé sous le dôme, et déposé ensuite dans une chapelle de ce dôme, où il lui a été élevé un monument. Dans une autre chapelle, un monument funèbre a été consacré, en 1807, à la mémoire de Vauban. — Enfin, de nos jours, les restes du plus grand guerrier et du premier tacticien des temps modernes, rapportés en 1840 de l'île de Sainte-Hélène à Paris, ont été déposés, le 15 décembre de la même année, dans cet asile de la gloire, où on lui érige en ce moment un magnifique tombeau. — La direction des Beaux-Arts a commandé une table d'or massive pour être placée dans ce tombeau; elle portera simplement les états de service suivants:

NÉ LE 15 AOUT 1769.
CHEF D'ESCADRON D'ARTILLERIE AU SIÉGE DE TOULON EN 1794, A VINGT-QUATRE ANS.
COMMANDANT D'ARTILLERIE EN ITALIE EN 1795, A VINGT-CINQ ANS.
GÉNÉRAL EN CHEF DE L'ARMÉE D'ITALIE EN 1797, A VINGT-HUIT ANS.
IL FIT L'EXPÉDITION D'ÉGYPTE EN 1798, A VINGT-NEUF ANS.
NOMMÉ PREMIER CONSUL EN 1799, A TRENTE ANS.
CONSUL A VIE APRÈS LA BATAILLE DE MARENGO, EN 1800.
EMPEREUR EN 1804, A TRENTE-CINQ ANS.
ABDIQUA APRÈS WATERLOO, 18 JUIN 1815, A QUARANTE-SIX ANS.
MORT LE 5 MAI 1821, A CINQUANTE-DEUX ANS.

L'Hôtel des Invalides est sous la surveillance spéciale du ministre de la guerre. Un maréchal de France en est ordinairement gouverneur; en ce moment, cette place est remplie par l'ex-roi de Westphalie, Jérôme, frère de Napoléon. Les plus habiles médecins de l'armée y traitent les malades; des sœurs de charité les soignent; quatre ou cinq mille vieux guerriers reçoivent dans cet honorable asile une nourriture abondante, un traitement et des égards dignes du rang qu'ils occupaient dans l'armée, de leurs services, de leurs infirmités, de leurs blessures. Rien n'y est épargné pour adoucir leurs maux, consoler leur vieillesse et les faire jouir d'un paisible repos.

Dans l'intérieur des bâtiments, on peut visiter la cuisine et sa fameuse marmite; les quatre réfectoires, ornés de peintures; la pharmacie, la bibliothèque, composée de vingt-cinq mille volumes, présent de Napoléon; l'horloge à équation de Lepaute; la salle du conseil, etc., etc., etc.

Quelques souvenirs historiques se rattachent à l'esplanade des Invalides. C'est au centre de la grande allée que les membres de la Convention nationale se réunirent, le 10 août 1793, pour l'acceptation de la Constitution. A ce rond-point on avait élevé une statue colossale de la Liberté, entourée d'un immense bûcher, où l'on avait entassé trône, couronne, fleurs de lis, manteau ducal, armoiries, etc. Le président de la Convention mit le feu à tous ces insignes du despotisme, et de ce foyer s'élevèrent au même instant des milliers d'oiseaux, portant des banderolles tricolores, qui, en s'élançant dans les airs, semblaient annoncer que le genre humain venait d'être affranchi; malheureusement la statue de la

Liberté se trouvait près du foyer de l'incendie des oripeaux féodaux, et elle fut elle-même fort endommagée par les flammes.

Sur un immense terrain voisin de l'Hôtel des Invalides se trouve l'École militaire, fondée par Louis XV, en 1751, en faveur de cinq cents enfants nobles sans fortune, qui y recevaient la même éducation qu'on donne aujourd'hui dans les lycées. Cet hôtel fut élevé sur les dessins de Gabriel et achevé par Brongniart. Le principal bâtiment, en face du Champ-de-Mars, est composé de deux étages, et terminé par un entablement corinthien. Dix grandes colonnes, du même ordre et de toute la hauteur du bâtiment, décorent son avant-corps, surmonté d'un attique et de statues. Au rez-de-chaussée de ce principal corps de logis, un grand vestibule, percé de trois pièces ornées de colonnes doriques, conduit à la cour d'honneur, qui était autrefois décorée d'une statue pédestre de Louis XV. — A droite de ce vestibule est un magnifique escalier qui conduit aux appartements. A gauche est la chapelle. — Les autres bâtiments, séparés entre eux par plusieurs cours, servaient de logement aux élèves, aux professeurs, pour les salles d'études, réfectoires, cuisines, etc., etc., etc. — Une machine hydraulique, posée sur quatre grands puits couverts, fournit quarante muids d'eau par heure. Ces puits, solidement construits, sont creusés à cinq mètres plus bas que le lit de la Seine. L'eau se décharge dans un réservoir qui contient huit cents muids d'eau, et de là, au moyen de conduits en plomb, elle est distribuée dans toute la maison.

L'École militaire fut affectée à une caserne en 1792. En 1804, la garde impériale y tenait garnison; depuis 1814 jusqu'à 1830, elle fut occupée par la garde royale; elle sert encore aujourd'hui de caserne.

COLONNE DE LA GRANDE ARMÉE.

La place Vendôme forme un octogone régulier, qui a quatre grandes faces et quatre petites. Sur son emplacement, les ducs de Retz avaient fait construire, vers 1562, un vaste hôtel accompagné de jardins, où Charles IX logea en 1566 et 1574. Cet hôtel passa, en 1603, à la duchesse de Mercœur, qui le fit abattre pour en construire un plus vaste, ainsi qu'une église et un couvent destiné au logement des capucines nouvellement instituées. Elle en posa la première pierre le 29 juin 1604 ; les bâtiments furent construits avec tant de promptitude, que le 18 juin 1606 l'église fut dédiée, et que les religieuses y furent installées vers la fin du mois de juillet suivant. L'hôtel de Mercœur passa ensuite dans la maison de Vendôme, dont il prit le nom, par le mariage de Françoise, fille unique du duc de Mercœur, avec César, duc de Vendôme, fils légitimé de Henri IV et de Gabrielle d'Estrées. — Vers 1684, Louvois, ayant inspiré à Louis XIV le dessein de faire construire dans le quartier Saint-Honoré une place qui ouvrirait une communication avec la rue Neuve-Saint-Honoré et la rue Neuve-des-Petits-Champs, proposa pour l'exécution de ce projet le vaste emplacement de l'hôtel Vendôme, qui occupait dans ce quartier un espace de dix-huit arpents. L'acquisition en fut faite le 22 août 1687 moyennant 660.000 livres. Le plan de cette nouvelle place devait former un carré de 78 toises (148 mètres 24 centimètres) de large sur 86 toises (163 mètres 44 centimètres) de long ; elle ne devait avoir que trois côtés, l'entrée du côté de la rue Saint-Honoré restant ouverte dans toute sa largeur. Le couvent des Capucines nuisant à l'exécution de ce projet, on en fit bâtir un autre dans la rue Neuve-des-Capucines, où les religieuses furent transférées en 1689, et d'où elles ont été expulsées cent ans plus tard. On éleva simultanément sur les trois façades des bâtiments d'une apparence magnifique, formant une longue ordonnance d'arcades, ornées de pilastres qui portaient un grand entablement d'un aspect majestueux ; ces bâtiments étaient destinés à la bibliothèque du roi, aux différentes académies, à l'hôtel des monnaies et à l'hôtel des ambassadeurs extraordinaires. — La mort de Louvois fit suspendre, en 1691, l'exécution de ce grand projet, et huit ans après, par une déclaration royale, le terrain et les matériaux furent concédés à la ville de Paris, à la charge de faire construire au même endroit une place conforme au nouveau plan arrêté, et de faire bâtir à ses frais, au faubourg Saint-Antoine, un hôtel pour la compagnie des mousquetaires. Pour s'indemniser des frais de cette construction, la ville vendit l'emplacement et les bâtiments à plusieurs riches particuliers. Les constructions commencées furent démolies, et la place rétrécie de 10 toises (19 mètres 70 centimètres) en tous sens vers le centre ; les angles du carré furent fermés en pans coupés et formèrent un octogone irrégulier. Cette place a 37 mètres 50 centimètres de long sur 35 mètres de large ; les façades uniformes des bâtiments qui l'environnent sont décorées d'un grand ordre corinthien en pilastres, qui comprend deux étages ; elles ont été élevées sur les dessins de Jules Hardouin Mansard. Plusieurs années s'écoulèrent toutefois avant l'entière construction de ces édifices. En 1719, Law, contrôleur général des finances, acheta tout ce qui restait d'emplacement disponible, sur lequel il fit construire plusieurs belles maisons.

Le centre de la place était décoré par une statue équestre en bronze de Louis XIV, fondue d'un seul jet par Keller, d'après le modèle de Girardon, et inaugurée le 13 août 1699. Ce monarque était représenté en héros de l'antiquité, à cheval sans selle et sans étriers ; le piédestal était en marbre blanc, orné de trophées et de cartels.

Dans l'origine cette place porta le nom de place des Conquêtes, auquel on substitua celui de Louis-le-Grand. En 1793 on la nommait place des Piques, nom que l'on changea sous le Consulat en celui de Vendôme, que portait le vaste hôtel sur l'emplacement duquel on la construisit.

Des souvenirs historiques de plus d'un genre se rattachent à la place Vendôme. C'est là que demeurait, en 1720, l'Irlandais Law, génie malheureux, qui, après avoir un moment rempli l'Europe de son nom, mourut à Venise pauvre et oublié; il avait acheté le comté d'Évreux pour 800,000 livres, le comté de Tancarville en Normandie : il avait offert au prince de Carignan 1,400,000, livres de l'hôtel de Soissons, à la marquise de Beuvron 500,000 livres de sa terre de Lillebonne, au duc de Sully 1,700,000 livres de son marquisat de Rosny. Lorsque la rue Quincampoix fut devenue trop étroite pour contenir l'affluence de ceux qui s'empressaient d'échanger leur argent contre les billets du système, on transféra l'agiot sur la place Vendôme : « Là, dit Duclos, s'assemblaient les plus vils coquins et les plus grands seigneurs, tous réunis et devenus égaux par l'avidité. » Mais le chancelier, incommodé du bruit qui se faisait sur cette place, demanda et obtint que le marché des billets fût transféré ailleurs; nous le retrouverons à l'hôtel de Soissons. — Le 15 juillet 1720, Law, intimidé par les menaces des porteurs de billets que son système avait ruinés, se réfugia au Palais-Royal, où résidait le régent, qui lui procura plus tard des moyens d'évasion.

Louis XVI, en sortant du bâtiment des Feuillants, où il avait séjourné le 11 et le 12 août, pour aller habiter la tour du Temple, traversa la place Vendôme, sur laquelle sa voiture fut arrêtée pendant quelque temps par la foule ; il put y contempler la statue équestre de Louis XIV, renversée la veille de son piédestal par un décret de l'Assemblée législative.

Le général Bonnaire, qui défendit si vaillamment la place de Condé en 1815, traduit devant un conseil de guerre comme ayant participé au meurtre du colonel hollandais Gourdon, qui s'était introduit dans Condé avec des proclamations des transfuges Bourmont et Clouet, et que les habitants de la ville avaient fusillé, fut condamné à la déportation et dégradé sur la place Vendôme, en présence de la colonne, dont les bas-reliefs représentaient quelques-uns de ses glorieux faits d'armes. Le brave général Bonnaire ne put résister au chagrin que lui causa cette humiliation ; il mourut deux mois après dans la prison de l'Abbaye.

Le piédestal mutilé de la statue de Louis XIV restait encore au milieu de la place Vendôme lorsque Napoléon conçut la pensée d'y ériger un monument triomphal pour perpétuer les exploits de la grande armée dans la campagne de 1805. Le projet adopté fut celui d'une imitation de la colonne Trajane dans des proportions plus fortes d'un douzième. Cet admirable monument fut commencé le 25 août 1806, sous les ordres et par les soins de MM. Denon, Goudouin et Lepère, et inauguré le 15 août 1810, jour de la fête de Napoléon. La colonne de la grande armée a 71 mètres de hauteur, y compris le piédestal, et 4 mètres de diamètre ; le piédestal a 7 mètres d'élévation, et est entouré par un pavé et des gradins en granit de Corse. Le noyau, en pierre de taille, est revêtu de deux cent soixante-seize plaques de bronze ornées de bas-reliefs et disposées en spirale, représentant par ordre chronologique les principaux exploits qui signalèrent la glorieuse campagne de 1805, depuis le départ des troupes du camp de Boulogne jusqu'à la conclusion de la paix, après la bataille d'Austerlitz. Dans l'intérieur est pratiqué un escalier à vis de deux cent soixante-seize marches, par où l'on monte à une galerie pratiquée sur le chapiteau, au-dessus duquel s'élevait une espèce de lanterne qui supportait la statue pédestre de Napoléon en empereur romain, exécutée par Chaudet et fondue par Lemot. — C'est avec le bronze de douze cents canons pris sur l'ennemi que furent exécutés, sur les dessins de Bergeret, tous les bas-reliefs, dont plusieurs figures sont des portraits. Les quatre faces du piédestal offrent des trophées composés d'armes diverses, de drapeaux et de costumes militaires ; aux angles sont placés quatre aigles qui soutiennent des guirlandes de chêne et de laurier. Au-dessus de la porte, deux victoires tiennent une tablette sur laquelle on lit :

NEAPOLIO IMP. AUG. MONUMENTUM BELLI GERMANICI
ANNO M. D. CCC. V. TRIMESTRI SPATIO DUCTU SUO PROFLIGATI
EX ÆRE CAPTO GLORIÆ EXERCITUS MAXIMI DICAVIT.

Qui peut se traduire ainsi :

« Avec le bronze pris sur l'ennemi, Napoléon a fait élever ce monument à la « gloire de la grande armée, qui, en 1805, a, sous ses ordres, vaincu l'Allema- « gne en trois mois. »

Le poids total des bronzes de la colonne de la grande armée, d'après les renseignements fournis par M. Lepère, est de 254,367 kilogrammes.

La fonte, exécutée par MM. Launay et Gonon, a coûté...	164,437 fr.
Frais de pesée...	450
Ciselure, à M. Raymond...	267,219
Frais de modèles, à M. Chaudet pour la statue...	13,000
Idem, à trente-trois autres statuaires pour les bas-reliefs...	199,000
A M. Gelée, pour la sculpture d'ornements...	39,115
Dessins de composition générale des bas-reliefs, par M. Bergeret...	11,400
Travaux de construction, maçonnerie, serrurerie, etc...	601,979
Honoraires des architectes...	50,000
Valeur effective du bronze : 251,367 kilogrammes, à 2 fr. 50 c. par kilo...	628,417
Total...	1,975,017 fr.

Par sa masse imposante et son heureuse position, cette colonne produit un effet étonnant; elle offre au centre d'un des plus beaux quartiers de Paris un point de vue superbe, lorsqu'on la regarde des Tuileries et du boulevard; si l'on s'en approche pour en examiner les détails, l'œil étonné reporte sur ce riche monument toute la magnificence des palais qui l'entourent. C'est un ensemble nouveau chez les peuples modernes, et, si l'on excepte Rome, aucune capitale de l'Europe n'en offre même l'équivalent.

Le 31 mars 1814, des tentatives infructueuses pour faire tomber la statue de Napoléon de son piédestal se renouvelèrent sans succès pendant plusieurs jours de suite. Exaspérés à la fin par leur impuissance, les vandales de cette époque allaient employer la mine et faire sauter le monument tout entier, lorsque l'autorité étrangère crut de son honneur d'intervenir et d'empêcher cet acte de vandalisme. Toutefois l'intention des souverains étrangers n'était pas de respecter la statue; instruits que l'artiste qui l'avait fondue possédait seul le secret de sa résistance, ils lui ordonnèrent sous peine de mort de procéder à cette opération, et le 7 avril la statue de Napoléon, descendue de son glorieux piédestal, rentra dans les ateliers du fondeur.

Une ordonnance royale du mois d'avril 1831, rendue aux applaudissements de la nation, décida que la statue de Napoléon serait replacée sur la colonne. Le programme enjoignait aux concurrents de représenter le héros vêtu à la moderne, en redingote et coiffé d'un chapeau à trois cornes, costume que le grand homme affectionnait et qu'il a rendu si célèbre. L'exécution en fut confiée à M. Seurre. La statue, coulée en bronze par Crozatier, fut élevée sur la colonne le 20 juillet 1833, et pompeusement inaugurée le 28 du même mois, aux acclamations d'une foule immense.

SEINE.

HÔTEL DE LA VICTOIRE.

HOTEL DE LA VICTOIRE.

La rue de la Victoire portait anciennement le nom de rue Chantereine. Au n° 52, à l'extrémité d'une espèce de longue avenue, s'élève au milieu d'un jardin paysager un joli hôtel construit par Ledoux pour le marquis de Condorcet. En 1791, cet hôtel était la propriété de Julie Carreau lorsqu'elle épousa Talma, qui y réunissait les artistes et les hommes politiques dont il partageait les opinions; ce fut pendant quelque temps le rendez-vous favori des girondins.

A son retour de l'armée d'Italie, le général Bonaparte acheta cet hôtel de Talma pour le prix de 180,000 fr., et c'est de là qu'il partit pour frapper le coup d'État du 18 brumaire. Dès le matin, il avait réuni dans son hôtel tout ce qu'il y avait à Paris de généraux et d'officiers, qu'il avait fait prévenir de se rendre chez lui à la même heure; Lannes, Murat, Berthier, Macdonald, Beurnonville, Leclerc, Marbot, Moreau, y arrivèrent les premiers et furent suivis de beaucoup d'autres. Les salons du petit hôtel de la rue Chantereine étant trop petits pour recevoir autant de monde, Bonaparte fit ouvrir les portes, s'avança sur le perron et harangua les officiers. Il leur dit que la France était en danger et qu'il comptait sur eux pour la sauver. Le député Cornudet lui présenta le décret du conseil des anciens qui transférait les conseils à Saint-Cloud, les y convoquait pour le 18 à midi, et nommait Bonaparte général en chef de toutes les troupes de la 17ᵉ division militaire. Bonaparte se saisit de ce décret, le lut, et demanda aux généraux s'il pouvait compter sur eux; tous répondirent qu'ils étaient prêts à le seconder. Aussitôt Bonaparte monte à cheval et part escorté de tous les généraux de la République pour aller jouer sa tête contre le pouvoir souverain.

L'administration centrale du département de la Seine « voulant consacrer le « triomphe des armées françaises par un de ces monuments qui rappellent la « simplicité des mœurs antiques; ouï le commissaire du pouvoir exécutif, ar- « rête que la rue Chantereine prendra le nom de rue de la Victoire. » En 1816, cette rue reprit le nom de rue Chantereine, qui fut de nouveau effacé en 1833, et remplacé par celui de la Victoire.

Lorsque le général Bonaparte quitta son hôtel de la rue de la Victoire pour aller s'établir au Petit-Luxembourg, il en fit cadeau au général Lefèvre Desnouettes, dont la veuve le possède encore aujourd'hui. Quelques mois après la mort de Napoléon, l'hôtel, qui maintenant porte le nom d'hôtel de la Victoire, fut habité par le général Bertrand lors de son retour à Paris. Il était naguère occupé par le spirituel auteur des *Lettres sur la situation*, M. Jacques Coste, ancien fondateur du journal *le Temps*.

VERSAILLES.

Jusqu'au moment où Louis XIV y fit construire un palais et vint y fixer sa résidence, Versailles n'était qu'un pauvre village, dont il est fait mention dans une charte de 1057 et dans des titres de 1066 et de 1084. En 1632, l'archevêque de Paris, de Gondi, vendit à ce monarque le vieux château seigneurial qui était placé en face du bois de Satory. Sur son emplacement le roi fit bâtir un petit château, qui servait de rendez-vous de chasse, où il faisait sa résidence habituelle dans la saison des chasses. A la mort de Louis XIII, le château de Versailles était déjà entouré de plusieurs beaux hôtels. Toutefois, Versailles ne devint un lieu de quelque importance que lorsque Louis XIV eut pris la résolution d'en faire le lieu ordinaire de sa résidence. Le parc et les bâtiments, commencés en 1661, furent achevés en 1684.

Le séjour de la cour de Louis XIV, qui offrait des perspectives de fortune pour une foule d'individus, ne tarda pas à y attirer une abondance extraordinaire de capitalistes, et, au bout de quelques années, Versailles se trouva bâti comme par enchantement.

Versailles est l'une des plus belles villes de France, et l'on peut même ajouter que peu de villes en Europe peuvent lui être comparées, tant pour le nombre des édifices qui la décorent que pour la régularité de sa construction; ses rues larges, tirées au cordeau et ornées d'un grand nombre de fontaines, sont exactement dirigées du nord au midi, ou de l'est à l'ouest; elles se coupent à angle droit, et sont formées de maisons et d'hôtels généralement bien bâtis.

On y arrive par trois longues avenues, qui se terminent à la place d'armes. L'avenue de Paris traverse la ville et la sépare en deux parties à peu près égales, savoir le quartier Saint-Louis, ou le vieux Versailles, à gauche, et le quartier Notre-Dame, ou la ville neuve, à droite. Les avenues de Sceaux et de Saint-Cloud aboutissent obliquement, l'une à droite, l'autre à gauche, avec l'avenue de Paris à la place d'armes.

Château. Du côté de la ville, le château de Versailles s'annonce sur la place d'armes par une vaste avant-cour, dite cour des Ministres. A droite et à gauche sont placées les statues colossales, en marbre blanc, des guerriers, des hommes d'État les plus célèbres de la France. Au milieu de la cour s'élève une statue équestre et colossale en bronze de Louis XIV. Une belle grille de 120 mètres de long, enrichie d'ornements dorés, et terminée par deux pavillons formant soubassement à des statues de la Victoire, ferme cette cour du côté de la place. — De ce côté, le château n'a pas une grande apparence; mais, du côté des jardins, il déploie une façade imposante, composée dans toute son étendue d'un soubassement en arcades appareillées en refends, d'une ordonnance ionique en pilastres, que surmonte un attique couronné d'une balustrade.

En considérant l'immensité de cette façade, son bel ensemble, l'unité parfaite qui règne entre toutes les parties, la magnificence et la richesse des ordres d'architecture et des nombreuses statues qui la décorent, enfin la beauté et la solidité de sa construction, on peut, et avec raison, la classer au nombre des belles productions de l'art en France, et convenir même qu'elle a peu d'égales en Europe, et peut-être en Italie.

Galeries historiques. Depuis près d'un demi-siècle, le palais construit par Louis XIV était solitaire et pour ainsi dire abandonné, lorsqu'une noble pensée est venue ranimer ses vastes appartements, restaurer ses marbres, revivifier ses riches peintures, redorer ses superbes lambris, et en faire la demeure de la gloire française.

La collection historique que renferme le palais de Versailles peut se diviser en quatre parties principales : 1° les tableaux; 2° les portraits; 3° les bustes; 4° les vieux châteaux et les marines. Les tableaux représentent : les grandes batailles qui, depuis le commencement de la monarchie jusqu'à nos jours, ont immortalisé les armes françaises; les événements ou les traits les plus remarquables de nos annales historiques; le siècle de Louis XIV; les règnes de Louis XV et de Louis XVI; la brillante époque de 1792; les victoires de la République; les campagnes de Napoléon; les actions mémorables de l'Empire; le règne de Louis XVIII; le règne de Charles X; la Révolution de 1830, le règne de Louis-Philippe. — Les portraits comprennent : la collection de tous les rois de France depuis Pharamond jusqu'à Louis-Philippe; les grands amiraux de France; les connétables; les maréchaux; les guerriers célèbres qui n'ont été revêtus d'aucune de ces dignités. Indépendamment de ces séries, toutes composées de noms français, on a rassemblé dans une galerie immense les portraits des personnages de tous les temps, de tous les pays, qui se sont illustrés sur le trône, dans l'ordre politique, à la guerre, dans la magistrature, dans les sciences, dans les lettres, dans les arts. — Les bustes et les statues forment également des galeries de personnages célèbres depuis les premiers siècles de la monarchie jusqu'à nos jours; on y a joint les tombeaux des rois et reines, princes et princesses de France.— Les vieux châteaux forment une collection curieuse pour les costumes du temps. Les marines représentent quelques-unes de nos batailles navales.

La chapelle. Par sa belle architecture et par la richesse de ses ornements intérieurs, la chapelle du château de Versailles est un objet d'admiration pour tous les connaisseurs. Elle tient au château du côté du nord et du côté du couchant, et n'a de visible extérieurement que son chevet terminé en rond-point et sa face méridionale.

Le théâtre, dit salle de l'Opéra, a été achevé en 1770 pour le mariage de Louis XVI; la salle est une des plus grandes de l'Europe; elle peut contenir trois mille personnes.

Le parc du château comprend, dans son enceinte, les jardins et les bosquets, ornés de statues de bronze et de marbre, de fontaines, et embellis de jets d'eau et de groupes en bronze, d'une orangerie et d'un canal. Sa plus grande longueur est de 4,800 mètres, et sa plus grande largeur de 3,200 mètres. Lorsque les grandes eaux jouent, le parc et les jardins offrent un coup d'œil ravissant : en se plaçant au milieu de la terrasse ou parterre d'Eau, on découvre en face le bassin de Latone, l'allée du Tapis vert, le bassin d'Apollon et le canal; à droite, le parterre du Nord, la fontaine de la Pyramide, la cascade, l'allée d'Eau, la fontaine du Dragon et le bassin de Neptune; à gauche, le parterre des Fleurs, l'orangerie, et, dans le lointain, la pièce d'eau dite des Suisses. — En arrière du parc qui renferme les jardins s'étend le grand parc, de 16 kilomètres de long, dans lequel sont enclavés les châteaux du Grand et du Petit-Trianon.

Le Grand-Trianon, situé à l'extrémité d'un des bras du canal, est dû au génie de Mansard; sa construction orientale est aussi élégante que magnifique; il n'est composé que d'un rez-de-chaussée divisé en deux pavillons, réunis par un péristyle soutenu de vingt-deux colonnes d'ordre ionique.

Le Petit-Trianon est situé à l'une des extrémités du parc du Grand-Trianon : il consiste en un pavillon de 24 mètres en tous sens, et est composé d'un rez-de-chaussée et de deux étages. La façade principale est décorée de six colonnes corinthiennes cannelées; les autres faces n'ont que des pilastres. Les jardins de ce petit palais sont délicieux : le jardin anglais est décoré par les plus jolies constructions.

SEINE ET OISE

SAINT-CLOUD.

Le bourg de Saint-Cloud est agréablement situé sur le penchant rapide d'une colline qui borde la rive gauche de la Seine. Le château, bâti sur la pente de cette colline, est dans une des plus belles situations des environs de Paris. Sur son emplacement, il existait jadis quatre maisons de plaisance qui furent achetées pour agrandir le parc et pour avoir la propriété des eaux qu'elles renfermaient. C'est sur les ruines de ces maisons que s'éleva le château de Saint-Cloud. L'acquisition en fut faite par Louis XIV pour son frère le duc d'Orléans.

La construction du nouvel édifice fut confiée au fameux Lepautre, architecte particulier du duc d'Orléans, à Girard et à Jules Hardouin-Mansard, architectes du roi, qui réussirent à former un tout régulier des différents bâtiments déjà construits. Le dessin du parc et des jardins fut confié à le Nôtre, et ce coteau sec et aride devint bientôt, sous les mains de cet habile artiste, un lieu admiré de tous les connaisseurs. C'est surtout à Saint-Cloud qu'il a montré toutes les ressources de son génie.

Le château de Saint-Cloud reçut des embellissements successifs des ducs d'Orléans, dans la maison desquels il resta jusqu'en 1782, où Marie-Antoinette en fit l'acquisition. La reine se plaisait beaucoup à Saint-Cloud, qu'elle habitait souvent; elle augmenta le château de plusieurs bâtiments.

En 1793, le château et le parc de Saint-Cloud devinrent propriétés nationales et furent compris dans le décret de la Convention qui porte que les maisons et jardins de Saint-Cloud, etc., ne seront pas vendus, mais conservés et entretenus aux dépens de la République, pour servir aux jouissances du peuple et former des établissements utiles à l'agriculture et aux arts. Parvenu au trône, Bonaparte conserva pour Saint-Cloud une espèce de prédilection ; il y fit son séjour le plus habituel. S'il quittait les Tuileries, c'était presque toujours pour se rendre dans ce château ; c'est là qu'il traita le plus souvent les affaires publiques, en sorte qu'on disait de son temps le cabinet de Saint-Cloud, comme on avait dit autrefois le cabinet de Versailles.

On pense bien que l'esprit de l'empereur ne dut pas rester oisif à Saint-Cloud : tous les arts y furent appelés pour concourir à l'embellissement de son palais favori ; il y fit exécuter d'immenses travaux pour le rendre digne de recevoir la cour la plus fastueuse et sans doute la plus brillante de l'Europe. Mais, en 1814, tant de soins, tant de travaux, tant de dépenses, furent perdus pour lui, et l'état-major de l'armée autrichienne vint s'installer dans ce château, occupé naguère par Marie-Louise, princesse de la maison d'Autriche, et par l'empereur des Français ; quelques jours plus tard, le prince de Schwarzenberg donna aux princes alliés des fêtes brillantes, des spectacles, des bals, dans ces salons où naguère les princes d'Europe avaient incliné leur front devant l'empereur Napoléon. Toutefois, en 1814, les alliés se contentèrent d'admirer. Il en fut autrement lors de la seconde invasion de la France : le maréchal Blucher établit son quartier général à Saint-Cloud. Cet homme, a-t-on écrit, qui, depuis longtemps, a contracté l'habitude des mœurs dures et sauvages, se faisait un plaisir de fouler aux pieds les produits les plus précieux des arts, et à insulter, par ses souillures, à la magnificence et à l'industrie françaises. Le héros de la Prusse avait pris pour son logement l'appartement de Bonaparte. Il couchait dans son lit ; mais, accoutumé probablement à reposer dans les camps, tout habillé, il suivait là la même méthode. Nous avons visité cet appartement après son départ, et nous avons trouvé les draperies, les franges, tous les ornements du lit de l'ex-empereur souillés, déchirés par les bottes et les éperons du général prussien ; suivi continuellement d'une meute de chiens, il les faisait coucher sur une ottomane placée dans l'ancien boudoir de l'archiduchesse d'Autriche Marie-Louise. De toutes parts, enfin, on voyait les traces de la barbarie et de la vengeance. Le château et le parc de Saint-Cloud, occupés par les Prussiens, ressemblaient à un camp de Cosaques. On ne rencontrait en tous lieux que des bivacs d'infanterie et de cavalerie, et, ce qui devait affliger davantage les yeux français, c'est la vue du pillage auquel étaient livrés ces beaux lieux; Blucher lui-même donnait l'exemple; et, outre les objets d'art extrêmement précieux, il s'appropria les tableaux de la famille de Napoléon, qu'il emporta comme autant de trophées.

Le château de Saint-Cloud est composé d'un grand corps de bâtiment et de deux ailes en retour, avec chacune un pavillon. Tous les appartements sont richement meublés et renferment un grand nombre de statues, de vases de porcelaine et plus de deux cents tableaux des plus célèbres peintres anciens et modernes. Les parties les plus remarquables de ce palais sont la chapelle, l'orangerie, la salle de spectacle, le pavillon d'Artois, les écuries, le manége, le grand commun et le bureau des bâtiments.

Le parc s'étend depuis le bord de la Seine jusqu'à Garches, et a environ 16 kilomètres d'étendue; il a été planté par le Nôtre, et se divise en grand et petit parc. Le premier renferme plusieurs belles allées, dans l'une desquelles se tient la célèbre foire de Saint-Cloud; c'est aussi dans cette partie que se trouvent les cascades. Le petit parc entoure le château et s'étend à droite jusqu'au sommet de la colline; il renferme des jardins et des parterres ornés de bosquets, de gazons, de bassins et de statues.

Les pièces d'eau et les cascades méritent l'attention des curieux, particulièrement la grande cascade, qui a 36 mètres de face sur autant de pente. La distribution des eaux est si bien entendue, que, par l'arrangement et la distribution des chutes, des jets, des nappes, des bouillons et des lames, on prendrait cette cascade pour un vaste théâtre de cristal jaillissant. Le grand jet d'eau, placé à gauche des cascades, vis-à-vis d'une grande et belle allée, s'élance avec une force et une rapidité incroyables à la hauteur de 41 mètres.

On remarque encore, dans le parc, le joli monument de Lysicrate, appelé vulgairement la lanterne de Démosthènes, construit sur un des points les plus élevés qui domine à la fois Saint-Cloud, Sèvres et l'immense bassin au milieu duquel est situé Paris, le jardin fleuriste, les pavillons de l'allée des Soupirs, de Montretout et de Breteuil, la glacière, etc.

La fête ou foire de Saint-Cloud est l'une des plus célèbres des environs de Paris; elle commence le 7 septembre et dure quinze jours, et, pendant trois dimanches, elle attire une foule innombrable d'habitants de Paris et des campagnes environnantes. Pendant la durée de cette foire, les cascades jouent, les grands appartements du château sont ouverts, et le public peut les visiter. Le soir, le parc et la grande avenue sont illuminés.

MARNE

CATHÉDRALE DE REIMS.

REIMS.

Avant l'invasion des Gaules par les Romains, Reims était la ville principale de la Gaule Belgique, et le chef-lieu d'une république que les Romains jugèrent digne d'une haute considération et de leur alliance. Ils l'ornèrent de beaux édifices, et, jusqu'au règne de Vespasien, cette ville conserva son importance et sa prépondérance. Au cinquième siècle, les rois de France y avaient un palais, où résidait, en 1059, Henri Ier, qui assembla dans cette ville un grand nombre de seigneurs du royaume, qu'il pria de reconnaître Philippe, son fils aîné, pour son successeur, ce qu'ils firent tous d'un consentement unanime; c'est le premier sacre des rois de la troisième race dont on trouve quelques détails. — Cent vingt ans après, en 1179, Philippe-Auguste se fit sacrer à Reims, et, depuis, ses successeurs jusqu'à Louis XVI (Henri IV excepté) y ont été sacrés. Déshéritée par la Révolution française de cette cérémonie fastueuse qui faisait sa splendeur, tout en grevant les habitants d'une lourde charge, car les frais du sacre étaient payés par la ville, Reims vit se renouveler, sous le dernier des Bourbons de la branche aînée, et probablement pour la dernière fois, la solennité de l'onction royale.

Cette ville est dans une situation agréable, sur la rive droite de la Vesle, dans un vaste bassin entouré de collines plantées de vignes, qui produisent des vins de Champagne renommés. Elle est généralement bien bâtie, assez bien percée, et possède d'agréables promenades publiques.

La cathédrale de Reims est l'un des plus beaux édifices gothiques du treizième siècle qui existent en Europe : l'office y fut célébré pour la première fois en 1241. — La longueur totale de l'édifice est de 142 mètres sur 30 mètres de large, et 44 mètres de hauteur jusqu'au sommet de la toiture. Le portail est composé de trois arcades en ogive, dont celle du milieu est la plus large et la plus haute, et de deux frontons chargés de figures. Au-dessus du portail, dans les enfoncements des ogives et autres monuments architectoniques de la façade, on remarque une profusion de bas-reliefs et de statues, dont le style, le caractère et l'expression sont dignes d'exciter la plus vive admiration. Le costume, aussi bien que le genre de travail, annoncent que ces figures sont du treizième siècle, et, grâce à la manière dont elles ont été abritées, elles sont presque toutes dans un parfait état de conservation. — L'arcade gauche représente la Passion ; la droite, le jugement dernier; celle du milieu, le Couronnement de la Vierge. Entre les tours, au-dessus de la rose, est la représentation du Baptême de Clovis ; plus bas, on voit celle du Combat de David et de Goliath. — Les tours sont composées d'arcades, de piliers, de chapiteaux, de pyramides, le tout à jour et en découpures, et se terminent en une espèce de bonnet carré. Autour de ces chapiteaux sont trente-cinq statues d'évêques.

La toiture de l'église est entièrement couverte en plomb. Au milieu de la croisée, en plein air, est une horloge qui sonne tous les quarts d'heure en carillon : celui de l'heure chante l'air des hymnes des différents temps de l'année. — A l'extrémité de la toiture est placé le clocher à l'ange, de 17 mètres 86 centimètres de hauteur, dont le sommet est couronné par un ange en laiton doré, haut de 2 mètres, tenant dans sa main droite une croix. Autour du clocher et à sa base sont huit statues de taille gigantesque, qui toutes représentent des personnages punis du dernier supplice. — Au bout de la croisée, à droite, est un sagittaire en pierre, remis en 1502 à la place d'un autre de métal, fondu lors de l'incendie de la croisée. — Vingt-deux piliers ou arcs-boutants, dont les arcades sont doubles, règnent autour de l'église. A chacun de ces piliers, vers le haut, est une statue d'ange ou de roi, entre deux colonnes.

A la partie latérale gauche sont deux grandes portes voisines l'une de l'autre. D'un côté de la première sont les statues colossales de saint Nicaise, de saint

Eutrope et d'un ange, et de l'autre celle de saint Remy, d'un sage et d'un roi. — A la voûte de cette porte sont placées par étages quarante-quatre petites statues de pécheurs ou de démons, qui regardent d'un air moqueur le martyre de saint Nicaise et les miracles de saint Remy. A l'autre porte voisine, on voit un grand nombre de petites statues par étages, représentant le Jugement dernier et les morts sortant de leurs tombeaux à demi ouverts.

La cathédrale est éclairée par un grand nombre de fenêtres, dont la plupart des vitraux sont peints, et par trois ou quatre roses. Sur celle du midi, à la croisée, on voit représentés, dans des médaillons, les douze apôtres avec leurs attributs; au centre, le Père éternel est peint sous les traits et les attributs de Jupiter. La rose qui est du côté du nord, au-dessus de l'orgue, n'est pas moins belle; on y a représenté, dans des médaillons, les douze signes du zodiaque. Mais rien n'égale la richesse et la magnificence de la rose du portail de la galerie vitrée, placée au-dessous, et de la petite rose placée dans l'enfoncement au-dessous de celle dont nous venons de parler.

En entrant dans la cathédrale, on voit d'abord autour de la grande porte cinquante-quatre statues dans des niches, et trente-quatre autour de chacune des portes latérales, sans compter le martyre de saint Nicaise, qui se trouve au haut du pourtour de la grande porte.

Dans l'église, au côté droit de la nef, on remarque le tombeau antique de Jovin, Rémois, général de cavalerie et d'infanterie romaine ; on y lit cette inscription :

CÉNOTAPHE
ÉRIGÉ DANS LE QUATRIÈME SIÈCLE
A FLAVIUS JOVIN, RÉMOIS,
PRÉFET DES GAULES, CHEF DES ARMÉES, CONSUL ROMAIN;
TRANSFÉRÉ DE L'ÉGLISE SAINT-NICAISE
A LA FIN DU DIX-HUITIÈME SIÈCLE,
AN VIII (1800) DE LA RÉPUBLIQUE.

Il y a neuf chapelles dans le rond-point de la cathédrale : la plus belle est celle de la Vierge. Vis-à-vis du sanctuaire, à gauche, on voit un orgue à vingt-cinq sortes de jeux, exécuté en 1481. — A droite est l'autel des fonts baptismaux, orné de sculptures représentant une Descente de croix. — Les croisées du rond-point du chœur sont en vitraux de couleur, représentant diverses actions de la vie de Jésus-Christ.

La plus ancienne église de Reims est l'ÉGLISE SAINT-REMY, construite en 1041. Dans l'intérieur, on remarque le tombeau de saint Remy, mausolée de forme circulaire, reconstruit en 1847 ; il est orné de douze statues en marbre blanc de grandeur naturelle, représentant douze pairs de France. Le chœur de cette église offre un beau spécimen du style gothique fleuri. L'intérieur est pavé en marbre.

LA PORTE DE MARS est un arc de triomphe qu'élevèrent les habitants de Reims en l'honneur de César et d'Auguste, lorsque Agrippa, gouverneur des Gaules, fit faire de grands chemins militaires qui passaient par cette ville. Cet arc triomphal servit de porte de ville jusqu'en 1544. A cette époque, il fut enfoui dans les remparts, d'où il a été déblayé en 1812. Mais il est resté enclavé dans le mur d'enceinte, dont il fait partie et ne présente à la vue qu'une de ses grandes façades, offrant deux arcades d'égale grandeur, flanquant une arcade centrale plus grande. Huit colonnes corinthiennes décorent cette façade, dont les détails de sculpture sont fort dégradés.

CATHÉDRALE DE TROYES.

TROYES.

Troyes est une ville ancienne qui portait sous les Romains le nom d'*Augusta-bona*. En 889, elle fut réduite en cendres par les Normands. En 1415, le duc de Bourgogne s'empara de cette ville, qui devint bientôt le théâtre des fureurs de la reine Isabeau. Les fatales noces de sa fille avec le roi d'Angleterre Henri V y furent célébrées, et le 21 mai fut conclu à Troyes ce marché d'iniquité par lequel l'indigne Charles VI rendait la France sujette du roi d'Angleterre. Troyes fut le séjour et la capitale des États des comtes de Champagne. En 1787, Louis XVI y exila le parlement de Paris. Le 4 février 1814, Napoléon reprit cette ville sur les Russes, qui s'en étaient emparés; évacuée quelques jours après par l'armée française, elle fut de nouveau occupée par les armées étrangères, qui y commirent toutes sortes d'atrocités.

La chronique scandaleuse de Troyes rapporte une aventure curieuse arrivée à plusieurs belles dames de la ville, lors de l'invasion étrangère. Pour témoigner aux *bons alliés* l'admiration où il était de leurs succès, un haut et puissant personnage invita les officiers autrichiens, russes et prussiens, à un grand gala, auquel succéda un bal où avait été invité tout ce que la ville renfermait de cœurs féminins *bien pensants*. Les officiers, enflammés à la vue de toutes ces beautés champenoises, et excités sans doute aussi par les nombreuses libations du dîner, trouvèrent plaisant de témoigner à leur hôte leur satisfaction en expulsant de la maison les pères, les frères et les maris de ces dames. Après cette équipée, les galants du Nord rentrèrent dans la salle; le bal commença aussitôt, et les dames, qui ne supposaient dans l'éloignement de leurs maris ou de leurs parents qu'une innocente plaisanterie, se livrèrent avec ardeur au plaisir enivrant de la valse. Tout à coup, à un signal donné, les lumières furent éteintes, et danseurs et danseuses furent plongés dans une complète obscurité, qui ne se dissipa qu'aux rayons du jour naissant. Il n'a jamais rien transpiré de ce qui se passa entre ces messieurs et ces dames pendant ces cinq ou six heures (les femmes sont si discrètes dans certaines occasions!); on crut s'apercevoir toutefois, le lendemain, que les hommes avaient pris en fort mauvaise part la plaisanterie.

La ville de Troyes est située au milieu d'une vaste et fertile plaine, sur la rive gauche de la Seine, qui l'entoure en partie et distribue ses eaux dans son intérieur par de nombreux canaux. Comme dans toutes les villes anciennes, on y trouve des rues étroites et mal percées, de gothiques et laides maisons en bois; mais ces anciennes constructions sont journellement remplacées par des maisons bien bâties. La ville est généralement bien percée dans le sens de sa longueur, qui est de près d'un demi-kilomètre. Toute la partie qui borde le canal offre réellement un fort bel aspect.

Troyes est environné d'admirables promenades, qui entourent ses anciens remparts, aujourd'hui en grande partie démolis. — La Seine, qui se divise en deux bras avant de baigner ses murs, forme une multitude de canaux et de petites rivières qui vivifient ses gracieux alentours.

L'ÉGLISE CATHÉDRALE, dédiée à saint Pierre, est un beau monument d'architecture gothique. La France en a très-peu qui lui soient comparables par l'étendue du vaisseau, par la hardiesse des voûtes, par la justesse et le grand effet des proportions. Les premiers fondements de cette église furent jetés en 872. Elle fut ruinée par les Normands en 898, et réparée vers la fin du siècle suivant. Le 23 juillet 1188, elle fut détruite par un incendie qui consuma presque toute la ville. C'est seulement en 1208 que fut commencée la construction de l'église actuelle; le rond-point était déjà élevé en 1225; le chœur et la nef sont des ouvrages du treizième, du quatorzième et du quinzième siècle. La tour et le portail, commencés en 1506, furent terminés vers la fin du seizième siècle. La longueur intérieure du vaisseau est de 113 mètres, et la largeur intérieure est de 50 mètres; la largeur de la nef et de la croisée est de 10 mètres 33 centimètres; la hauteur des voûtes sous clef est de 30 mètres, et la hauteur de la coupole et des tours est de 62 mètres 34 centimètres. Cinq arcades composent la nef de ce grand édifice : elles forment, avec celles des croisillons et du chœur, un ensemble parfait. La galerie de la nef est des plus riches. Les vitraux des chapelles qui environnent le sanctuaire datent du commencement du treizième siècle : les sujets de l'Ancien et du Nouveau Testament y sont représentés dans des cercles et des losanges; malheureusement ces vitraux ont souffert, et il y a plusieurs panneaux qui manquent. Ceux des grandes fenêtres du chœur sont précieux par leur belle conservation et par les sujets qu'ils représentent. La grande rose placée au-dessus du grand portail est surtout remarquable par l'harmonie et la vivacité des couleurs.

L'ANCIENNE COLLÉGIALE DE SAINT-URBAIN, citée par Millin comme un des plus beaux morceaux d'architecture gothique, et dont la légèreté surpasse celle de la Sainte-Chapelle de Paris, est un édifice élevé par le pape Urbain IV vers la fin du treizième siècle.

L'ÉGLISE DE SAINT-JEAN, sans être comparable aux deux premières, mérite l'attention des étrangers. Le maître-autel est décoré d'un beau tableau de Mignard, représentant le baptême de Jésus-Christ dans le Jourdain.

L'ÉGLISE SAINTE-MADELEINE, la plus ancienne de la ville, offre dans sa construction des détails précieux du douzième et du seizième siècle. Le jubé, remarquable par la légèreté et la richesse de ses détails, fut construit en 1518 par Jean Gualdo, Italien.

L'ÉGLISE DE SAINT-REMY est décorée d'un fort beau Christ en bronze, de 1 mètre 10 centimètres de proportion, que l'on voit sur la grille du chœur; c'est un des plus beaux ouvrages du célèbre Girardon, qui en gratifia l'église Saint-Remy, sa paroisse.

La façade de l'HÔTEL DE VILLE, commencée en 1624 et terminée en 1670, est remarquable par la régularité de son architecture. La grande salle est ornée des bustes en marbre des grands hommes nés dans la ville de Troyes, et décorée d'un médaillon de Louis XIV, en marbre blanc, grand morceau de Girardon, dans lequel la richesse de la composition et la précision du dessin sont rehaussées par la légèreté du ciseau et le fini de l'exécution.

L'HÔPITAL est un bâtiment construit vers le milieu du dix-huitième siècle. Il est fermé, du côté de la rue, par une superbe grille de 35 mètres de long sur 2 mètres 50 centimètres de haut.

LA BIBLIOTHÈQUE PUBLIQUE, formée des débris des bibliothèques des communautés religieuses, et particulièrement de la majeure partie des livres du docteur Hennequin et de ceux du président Bouhier, est une des plus précieuses richesses de Troyes. Elle renferme 55,000 volumes imprimés, et près de 5,000 manuscrits. — La salle de la bibliothèque a environ 50 mètres de longueur sur 10 de largeur et 7 de hauteur. Les croisées sont ornées d'admirables peintures historiques sur verre, représentant les principaux événements de la vie de Henri IV, exécutées par Linard-Gonthier. — Au-dessous de la bibliothèque est le musée, renfermant une belle collection de minéralogie, divers objets d'histoire naturelle, et quelques tableaux.

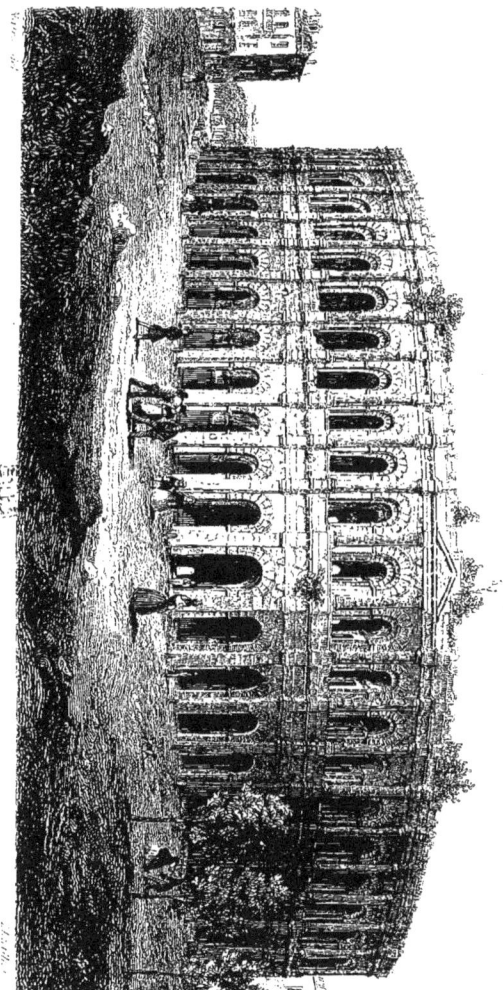

NIMES.

Nîmes est une des plus anciennes villes des Gaules. On attribue sa fondation aux Ibériens ou à une colonie de Phocéens détachée de celle de Marseille. Avant l'invasion de la Gaule par les Romains, elle était la capitale de la petite république des Volces Arécomiques. L'an 653 de Rome, elle passa volontairement sous la domination des Romains comme ville alliée, et conserva le privilége de se gouverner par ses propres lois. Vers 727, les Romains y établirent une colonie de vétérans de l'armée d'Égypte, et, depuis lors, Nîmes acquit d'importants développements et s'embellit d'un grand nombre de monuments imités de ceux de Rome, qui furent en grande partie détruits, en l'an 407 de l'ère chrétienne, par Crocus, roi des Vandales, et plus tard par les Visigoths, par les Francs et par les Sarrasins, qui tour à tour se rendirent maîtres de cette antique cité.

Toutefois, malgré les désastres qu'elle eut à subir, la ville de Nîmes et le territoire qui l'entoure offrent encore un des points de l'univers où les débris de la grandeur romaine parlent avec le plus d'éloquence au souvenir de l'homme. Si, sous le rapport des monuments antiques, le midi de la France a justement été appelé l'Italie des Gaules, Nîmes peut en être considérée comme la capitale. Bâtie sur sept collines, entourée de murs romains d'un développement de plus de 6,000 mètres, cette ville, véritablement classique, renferme aujourd'hui plus de monuments entiers qu'aucune ville d'Italie, sans en excepter Rome : outre les édifices détruits par les Vandales, dont l'existence n'est connue que par des inscriptions et parmi lesquels il faut compter la basilique de Plotine, les temples d'Auguste, d'Apollon, de Cérès, les bains et une quantité d'autres, on y remarque l'amphithéâtre, la Maison-Carrée, la tour Magne, le temple de Diane, les portes d'Auguste et de France, etc., etc., etc.

L'amphithéâtre, cirque majestueux vulgairement appelé les Arènes, est le monument qui provoque le plus l'admiration des étrangers. Jusqu'à présent on n'a pu fixer d'une manière positive l'époque de sa construction, que l'on s'accorde cependant à attribuer à Antonin. — L'amphithéâtre de Nîmes, qui est encore presque entier, est formé d'une ellipse parfaite, dont le grand axe, dirigé de l'orient à l'occident, est de 131 mètres 56 centimètres, y compris l'épaisseur des constructions; et le petit axe de 102 mètres 97 centimètres. Il se compose d'un rez-de-chaussée percé de soixante portiques, d'un premier étage orné de soixante arcades et terminé par un attique qui en fait le couronnement. L'enceinte ou pourtour extérieur, dont la circonférence est de 358 mètres, avait quatre portes principales, distribuées de quinze en quinze arcades, et répondant aux quatre points cardinaux. La porte du Nord est couronnée d'un fronton, au-dessus duquel sont deux têtes de taureau en saillie; les trois autres portes n'ont qu'un simple avant-corps et sont dénuées d'ornements. — Tout le monument est d'ordre toscan irrégulier, approchant du dorique; il a 21 mètres 44 centimètres de hauteur depuis le rez-de-chaussée jusqu'à l'attique. Trente-quatre rangs de gradins, divisés en quatre précinctions pour les diverses classes du peuple, régnaient dans l'intérieur; il ne reste plus aujourd'hui que dix-sept de ces gradins, dans les endroits les moins délabrés. Chacune de ces précinctions avait ses vomitoires particuliers pour y arriver, et ses galeries pour mettre les spectateurs à l'abri d'un orage subit. Au-dessus de l'attique, on trouve, à des distances égales, des consoles au nombre de cent vingt, percées dans le milieu d'un trou rond, qui servaient sans doute à placer les poteaux des tentes destinées à couvrir les spectateurs.

L'amphithéâtre de Nîmes, construit avec la plus grande solidité, pouvait contenir environ vingt mille spectateurs. La principale muraille, qui forme la façade ou l'enceinte, a partout 1 mètre 50 centimètres d'épaisseur en haut comme

GARD

MAISON CARRÉE

en bas : elle est fondée sur un massif continu de pierres de taille, large de 1 mètre 83 centimètres, haut de 2 mètres 66 centimètres, et composé de trois assises posées alternativement. Le reste de la façade jusqu'au-dessus de l'attique, de même que les portiques, est construit de pierres de taille, dont quelques-unes sont d'une grosseur prodigieuse; celles qui forment les gradins supérieurs ont une dimension énorme. — Un escalier unique, dans tout ce vaste cirque, pénètre dans l'épaisseur de la muraille et conduit au sommet de l'édifice, dont de cette hauteur on aperçoit la vaste enceinte, et d'où l'on jouit d'une vue admirable sur la ville entière, sur les coteaux qui la protégent au nord, et sur la plaine du Vistre qui se prolonge à l'horizon jusqu'aux montagnes de la Provence. — L'amphithéâtre de Nimes, isolé sur une place spacieuse, déblayé maintenant jusqu'à sa base, et auquel de nombreuses réparations ont rendu à l'extérieur sa forme et sa solidité premières, sert aujourd'hui à des courses de taureaux et à des joutes de lutteurs; amusements moins sanglants que les jeux des Romains, et pour lesquels les habitants de Nimes ont montré de tout temps une prédilection particulière.

Maison-Carrée. Ce superbe édifice, regardé avec raison comme un chef-d'œuvre par sa belle architecture et par les magnifiques ornements de sculpture dont il est orné, est le monument le mieux conservé que nous ait légué l'antiquité. Son âge est encore un problème : à l'aide des trous qui existent sur la frise et l'architrave de la façade, et qui jadis ont servi à cramponner des lettres en bronze, le savant Séguier a rétabli l'inscription suivante :

C . CÆSARI . AVGVSTI . F . COS . L . CÆSARI . AVGVSTI . F .
COS . DESIGNATO . PRINCIPIBVS . IVVENTVTIS .

que l'on peut traduire ainsi : *Aux princes de la jeunesse. C. César, fils d'Auguste, consul, et L. César, consul désigné.* Un mémoire de M. Auguste Pelet, imprimé dans le dixième volume des **Mémoires de la Société des Antiquaires de France**, prouverait que cette inscription est applicable à Marc-Aurèle et à Lucius Vérus, dont le père adoptif était originaire de Nimes.

Le temple auquel on a donné improprement le nom de Maison-Carrée est un de ceux que Vitruve appelle pseudopériptères. Le plan est un parallélogramme rectangle de 25 mètres 65 centimètres, sur 15 mètres 45 centimètres. L'intérieur, ou l'aire proprement dite, de l'édifice n'a pas plus de 16 mètres de longueur, 12 mètres de largeur et autant d'élévation. L'entrée regarde le nord. Les murs sont construits en très-belle pierre blanche, de l'épaisseur d'environ 66 centimètres, avec de petites cannelures en liaison. — Le temple est orné au dehors de trente colonnes cannelées d'ordre corinthien, dont les chapiteaux sont d'un travail admirable : les vingt qui sont placées le long des murs sortent de la moitié de leur diamètre et sont liées avec son architrave, sa frise et sa corniche. Au devant de la façade règne un grand vestibule ou portique ouvert de trois côtés, et soutenu par dix colonnes pareilles aux vingt autres, mais isolées, dont six forment la face. Au fond de ce vestibule est la porte d'entrée, accompagnée de deux beaux pilastres. On monte au péristyle par un escalier de quinze marches.

Des fouilles, faites en 1820 et en 1821 autour de la Maison-Carrée, ont fait découvrir la partie du stylobate antique qui existe encore sur le derrière du monument, et ont prouvé que ce qui avait été considéré jusqu'alors comme un temple isolé n'était que le sanctuaire d'un vaste édifice. Ces fouilles ont fait trouver une construction rectangulaire, dont le sol est beaucoup plus bas que celui sur lequel le temple s'élève, puis un perron, puis un autre, à pareille distance de l'angle nord-ouest du monument; puis les fondements sur lesquels reposaient les bases et les débris de plusieurs colonnes; enfin des restes indiquant d'une manière irréfragable qu'une enceinte extérieure entourait jadis le temple, situé dans la partie supérieure d'un forum, et que cette enceinte était fermée par des galeries ornées de colonnes.

Aujourd'hui, parfaitement restauré dans toutes ses parties, le temple dit la Maison-Carrée est garanti par une grille en fer des dégradations auxquelles il a été livré pendant plusieurs siècles. Il a changé plusieurs fois de destination depuis que le christianisme s'introduisit chez les Volces Arécomiques et a subi de cruelles mutilations. Ce fut d'abord un capitole, qui par la suite fut changé en église. Au treizième siècle, on en fit un hôtel de ville. Échangé ensuite contre une simple maison, son propriétaire engagea l'architecture romaine dans la grossière bâtisse d'une maison particulière qu'il fit élever entre les colonnes, ainsi masquées jusqu'aux volutes des chapiteaux. — Cette précieuse antiquité passa successivement depuis entre les mains de plusieurs bourgeois ignorants. En 1670, elle servait d'écurie. Vendue trois ans après à des moines augustins, elle redevint une église. En 1744, et par les soins de M. Séguier, on y fit quelques réparations. Rentrée dans le domaine public en 1789, l'administration centrale du département y tint plusieurs fois ses séances. En 1815, on en fit un magasin d'armes. Enfin, en 1820, on exécuta des travaux qui ont préservé cette admirable antiquité d'une ruine à peu près certaine. Aujourd'hui, le temple dédié aux petits-fils d'Octave-Auguste est un musée, dû à la sollicitude éclairée de M. Villiers du Terrage, préfet du Gard en 1820, qui en fit l'inauguration le 21 mars 1824. — Ce qui frappe au premier abord dans ce musée, c'est un buste de Sugalon, illustration nîmoise, peintre savant et consciencieux, dont le musée de Nîmes possède le tableau de *Locuste*, qui figure dignement dans cette galerie avec le *Cromwell* de Paul Delaroche, les *Arabes du Désert* de Biard, un *Saint Joseph* par Louis Carrache, des Vanloo, des Albane, des Rubens, des Vien, des Guide, des Titien, des Joseph Vernet, et quantité d'autres.

La Tour Magne, située sur une colline élevée qui domine tout le pays à une grande distance, doit son nom à sa position et à ses dimensions colossales. Octogone dans son plan, cette tour est composée de plusieurs étages en retraite les uns sur les autres, de manière à lui donner une forme pyramidale qu'elle conserve encore dans son état de ruine. — L'origine et la destination de ce monument ne peuvent être qu'un objet de conjectures qu'aucune inscription, qu'aucun document historique, ne viennent appuyer; aussi en a-t-on fait tour à tour un phare, un ærarium, un temple, etc. Ces opinions diverses ont été victorieusement réfutées par les archéologues modernes, et des découvertes récentes, consignées dans un mémoire publié par M. Auguste Pelet, paraissent prouver qu'on ne doit voir dans la Tour Magne qu'un monument somptueux élevé sans doute en mémoire d'une victoire, et en l'honneur de ceux qui y avaient perdu la vie.

La circonférence de la Tour Magne était à la base de 80 mètres, et son diamètre de 26 mètres 53 centimètres; celle du sommet n'était que de 34 mètres 75 centimètres, et le diamètre, dans cette partie, de 11 mètres 69 centimètres. Sa hauteur, qui n'est aujourd'hui que de 24 mètres, paraît avoir été de 40 mètres. — La partie inférieure de cette tour présente sept pans irréguliers. Des constructions appliquées contre l'ancien édifice, pour l'approprier à une destination nouvelle, eurent lieu à diverses reprises. Les massifs superposés présentent d'un côté des niches, d'un autre des arceaux. Un escalier à noyau, pratiqué dans l'intérieur, montait jusqu'au faîte de l'édifice.

Le temple de Diane. Dans le jardin de la Fontaine gisent les ruines d'un édifice autrefois magnifique, qui avait été considéré jusqu'à présent comme un temple isolé dédié à Diane, à Vesta, aux dieux infernaux, à tous les dieux, à Isis, à Sérapis, mais que des fouilles récentes ont fait reconnaître pour un simple monument hydraulique faisant partie des plus vastes monuments connus des Romains. La façade de l'édifice est défigurée, soit par la construction moderne que l'on a élevée à gauche dans un but de conservation, soit par la destruction d'un péristyle dont on a découvert depuis peu les bases en place, et où l'on remarque quelques parties revêtues de plaques très-minces de marbre blanc. — Deux corridors régnaient sur les parties latérales de l'édifice, perpendiculairement à la façade; un seul de ces passages subsiste encore presque intact. La cour renferme des fragments antiques dignes d'attention.

Les bains. Sur l'emplacement où se trouve aujourd'hui la fontaine du jardin public existait autrefois un somptueux édifice, où les Romains avaient prodigué le plus grand luxe, et que le monde savant viendrait encore admirer si un génie heureux eût présidé aux fouilles qui furent faites en 1742. Malheureusement, au lieu de conserver les ruines dans l'état où elles furent découvertes, on renferma les eaux dans des fossés, on éleva des terrasses en forme de bastions, et l'on crut sans doute faire beaucoup pour l'art en établissant ces constructions modernes sur les bases antiques des monuments qu'on découvrait. Heureusement que, dans le seul intérêt de la science, M. Auguste Pelet a exécuté en relief les fouilles de ces bains, tels qu'ils ont été découverts en 1742; ce qui permet à l'archéologue de les étudier au palais des Beaux-Arts de Paris, où le modèle en relief est déposé.

La porte d'Auguste. Cette porte, qui fait face à la route de Rome sur la voie Domitienne, était, sous les Romains, la porte principale de la ville. Elle est fort ruinée, et l'exhaussement du sol cache une partie de sa base; mais elle est on ne peut plus intéressante en ce que c'est le seul monument de Nîmes portant une inscription authentique qui prouve que c'est dans la huitième année de la puissance tribunitienne d'Auguste, c'est-à-dire quinze ans avant notre ère, que les remparts de la ville de Nimes ont été construits. Voici cette inscription :

IMP . CÆSAR . DIVI . F . AVGVSTVS . COS . XI . TRIBV .
POTEST . VIII . PORTAS . MVROS . COL . DAT .

La porte d'Auguste est formée de quatre portiques : deux, d'égale grandeur, devaient servir au passage des chars, des équipages et de la cavalerie; les deux autres, plus petits, étaient sans doute destinés aux gens de pied. — Les deux cintres des grands portiques sont surmontés d'une tête de taureau en demi-relief, sur laquelle appuie la saillie de l'entablement; au-dessus des deux autres est une niche où furent sans doute placées des statues.

Ce monument est décoré de deux pilastres qui encadrent les passages des côtés; ceux du milieu sont séparés par une petite colonne ionique, appuyée sur une console à hauteur de la naissance des arcs. — La porte était protégée par deux tours demi-circulaires, contre lesquelles elle s'appuyait.

LA PORTE DE FRANCE. Des dix portes bâties par les Romains, il ne reste que celles d'Auguste et de France. Cette dernière existe à l'angle méridional des anciens murs de la ville. Elle est formée d'un seul portique, couronné d'un attique orné de quatre pilastres et flanqué de deux tours semi-circulaires en partie détruites. Une grande rainure, que l'on aperçoit dans l'épaisseur des pieds-droits, indique que cette porte se fermait avec une herse.

LA CATHÉDRALE DE NIMES est une véritable macédoine, dont la base, de construction romaine, a appartenu au temple d'Auguste. Le côté gauche de la façade, où se trouve le clocher, et une partie du fronton, datent du onzième siècle; le reste de l'édifice a été construit dans le seizième et dans le dix-septième; tout le reste est moderne. Dans l'intérieur, on voit les tombeaux de Fléchier et du cardinal de Bernis.

LE JARDIN PUBLIC, où se trouve la fontaine qui alimentait les bains romains, est sans contredit ce que Nimes offre de plus agréable. La source, dont l'eau jaillit à gros bouillons du centre d'un cône renversé creusé par la nature dans le roc vif, forme une petite rivière qui fuit dans un beau canal en pierres de taille, bordé par une superbe allée d'arbres. D'autres bassins, des parterres de fleurs, des masses de verdure, un îlot symétrique formé par la nature, ornent ce jardin, qui s'étend sur le coteau voisin jusqu'au pied de la Tour Magne.

On remarque encore à Nîmes : le Palais de Justice, édifice moderne, qui se distingue par un fronton que soutiennent de belles colonnes; — la nouvelle salle de spectacle, spacieuse, bien distribuée, dont la façade est décorée d'un beau péristyle ionique; — la bibliothèque publique, riche de trente mille volumes, etc., etc., etc.

STRASBOURG.

Strasbourg est une ville très-ancienne, dont la fondation est attribuée à Drusus. Les Romains en firent une station militaire importante, et y établirent un arsenal. Dans le seizième siècle les Allemands s'en emparèrent. Dans la suite, Strasbourg fit partie de l'empire germanique à titre de ville libre. Réunie à la France par capitulation, en 1681, Louis XIV compléta son système de défense, y ajouta une citadelle, et en fit une des plus fortes places de l'Europe.

Strasbourg est une ville fort agréablement située, sur la ligne du chemin de fer de Paris à la frontière d'Allemagne, et sur le chemin de fer de Strasbourg à Bâle, dans une contrée extrêmement fertile, sur les rivières d'Ill et de la Bruche, qui s'embouchent dans le Rhin à un kilomètre de distance des murs de la place. Elle est généralement bien bâtie; les rues en sont larges, propres et bien percées; les places publiques vastes et régulières : les principales sont la place d'Armes, la place de la Cathédrale, du Château, du Marché-aux-Herbes, Saint-Thomas, Saint-Pierre-le-Jeune, du Marché-Neuf, du Temple, de la Comédie, etc. On y entre par sept portes, désignées sous les noms de portes Blanche, de Saverne, de Pierre, des Juifs, des Bouchers, de l'Hôpital, des Pêcheurs.

Il y a peu de places fortes dont les environs soient aussi agréables que le sont ceux de Strasbourg. Hors des portes, on voit quantité de jardins de plaisance et de guinguettes, parmi lesquels on remarque le jardin Lips et le jardin Bonnard, au Contades; l'ancien jardin Robertsau. Le Contades et la Robertsau sont deux promenades publiques très-fréquentées, généralement connues. — Indépendamment de ces deux belles promenades, les bords du Rhin, de l'Ill et de la Bruche offrent un grand nombre de promenades naturelles, remplies d'agrément, d'où l'on jouit d'une vue magnifique sur les Vosges et sur les montagnes Noires, dont les sommités se perdent dans les nues, tandis que leurs mamelons les plus rapprochés de la plaine présentent des sites enchanteurs, que couronnent d'anciens châteaux, de beaux villages, d'immenses forêts et de riches vignobles. — Dans l'île du Rhin, sur la route de Kehl, on voit un monument consacré au général Desaix. — A deux kilomètres de Strasbourg, est le polygone destiné aux exercices de l'artillerie, orné à son entrée d'un monument élevé à la mémoire du général Kléber.

Cathédrale. Cette église fut frappée de la foudre en 1007, et il n'en resta que le chœur. L'évêque Werner Ier entreprit de la reconstruire en pierres de taille, sur un beau et large plan qui existe encore. Les fondements en furent jetés, en 1015, sur des couches de terre glaise et de charbon de terre pilés, mêlés ensemble. Le bâtiment de l'église ne fut achevé qu'en 1275. On voulut le faire surmonter de tours ou flèches sur les bas côtés de la nef, à côté du principal portail. En 1277, sous l'évêque Conrad III de Lichtemberg, on commença par celle qui est vers le nord, et qui existe encore aujourd'hui. C'est l'architecte Erwin, natif de Steinbach, dans le margraviat de Bade, qui en conçut le plan et en dirigea l'exécution; il mourut en 1318; après lui, son fils Jean, mort en 1339, et sa fille Sabine, puis Jean Hütz, de Cologne, continuèrent la construction sur son plan; ce dernier mourut en 1365, après avoir conduit la flèche jusqu'à la couronne. Pendant assez longtemps on cessa d'y travailler, et l'ouvrage ne fut achevé qu'en 1439, sous l'évêque Guillaume de Diesth, de manière que ce superbe édifice n'a été terminé que dans l'espace de quatre cent vingt-quatre ans; mais sa construction avait été interrompue en différents temps; les événements postérieurs empêchèrent de construire la seconde flèche. — La hauteur de la tour, depuis le rez-de-chaussée, a été mesurée et calculée à plusieurs reprises. Elle l'a été la dernière fois, avec la plus grande exactitude, par M. Henri, colonel ingénieur-géographe, qui a trouvé que sa hauteur était, depuis le sol, de 142 mètres. On monte aisément jusqu'à la couronne : à la première galerie ou plate-forme, on a gravé sur les murs du clocher près de deux mille noms, parmi lesquels on distingue ceux de Klopstock, Lavater, Voltaire, etc., que les gardiens de la tour ont incisés dans la pierre. Au premier étage de la tour on voit les statues de Clovis, de Dagobert, de Rodolphe de Habsbourg, de Louis XIV ; au-dessus est la grande rosace en vitraux peints : éclairée par les rayons du soleil, elle produit dans l'église un bel effet ; la plate-forme commence le deuxième étage de la tour : la flèche, admirable ouvrage, découpé comme de la dentelle, est le troisième étage de l'édifice ; au sommet se trouvent la lanterne, puis la couronne, et enfin le bouton octogone qui termine l'édifice et supporte une croix en pierre de 1 mètre 22 centimètres de hauteur.

La base de l'église est décorée de trois portails, auxquels on arrive par un parvis élevé de plusieurs marches. Le portail du milieu est orné de colonnes et de statues. Au-dessus de ce portail, on voit les statues équestres de Clovis, de Dagobert, de Rodolphe de Habsbourg et de Louis XIV. Immédiatement au-dessus est une rosace admirable. La longueur de la nef est de 108 mètres 80 centimètres, et la largeur de 10 mètres 66 centimètres ; la hauteur, depuis le pavé jusqu'à la voûte, est de 24 mètres environ. A droite et à gauche, neuf piliers énormes séparent cette nef et forment des bas côtés. On remarque près de l'horloge le pilier des anges, qui soutient toute la voûte de cet édifice : il mérite une attention toute particulière. La chaire à prêcher, d'architecture gothique, restaurée en 1834, fait honneur aux artistes du quinzième siècle. Les orgues furent faites par André Silbermann, en 1714. — L'horloge de cette église, nouvellement réparée ou plutôt reconstruite par M. Schwilgué, passe à juste titre pour un des mécanismes les plus beaux et les plus curieux en ce genre : elle indique la marche des constellations, le cours du soleil et de la lune, les heures, les jours, etc. — Cette cathédrale, si célèbre par sa hauteur gigantesque et la magnificence de sa tour, reçoit le jour par un grand nombre de vitraux de couleur, exécutés dans les quatorzième et quinzième siècles ; on remarque surtout les portraits des rois et des empereurs bienfaiteurs de cette métropole.

Parmi les autres édifices religieux de Strasbourg on remarque l'église Saint-Thomas, qui renferme le tombeau que Louis XV fit ériger, en 1777, à la mémoire du comte de Saxe, mort maréchal général de France, par le sculpteur Pigal. Au bas d'une pyramide de marbre noir, contre laquelle est appuyé un sarcophage.

le maréchal, debout, paraît descendre au tombeau. A sa droite on voit culbutés à ses pieds l'aigle d'Autriche, le lion belge, le léopard anglais. A sa gauche le génie de la guerre en larmes, ayant les yeux fixés sur lui, tient son flambeau renversé. Sur le derrière sont les drapeaux de la France, élevés et victorieux. La France, au-dessus du maréchal, saisit d'une main l'illustre guerrier, et de l'autre repousse la Mort, qui, cachée sous une draperie, annonce au héros que son heure est arrivée, et lui montre le tombeau qu'elle tient ouvert. Au côté opposé du sarcophage, on voit une figure d'Hercule plongé dans la douleur. On remarque encore dans ce temple quelques monuments élevés en l'honneur de plusieurs savants qui ont illustré Strasbourg. Ce sont les mausolées de Schœpflin, d'Oberlin, de Koch.

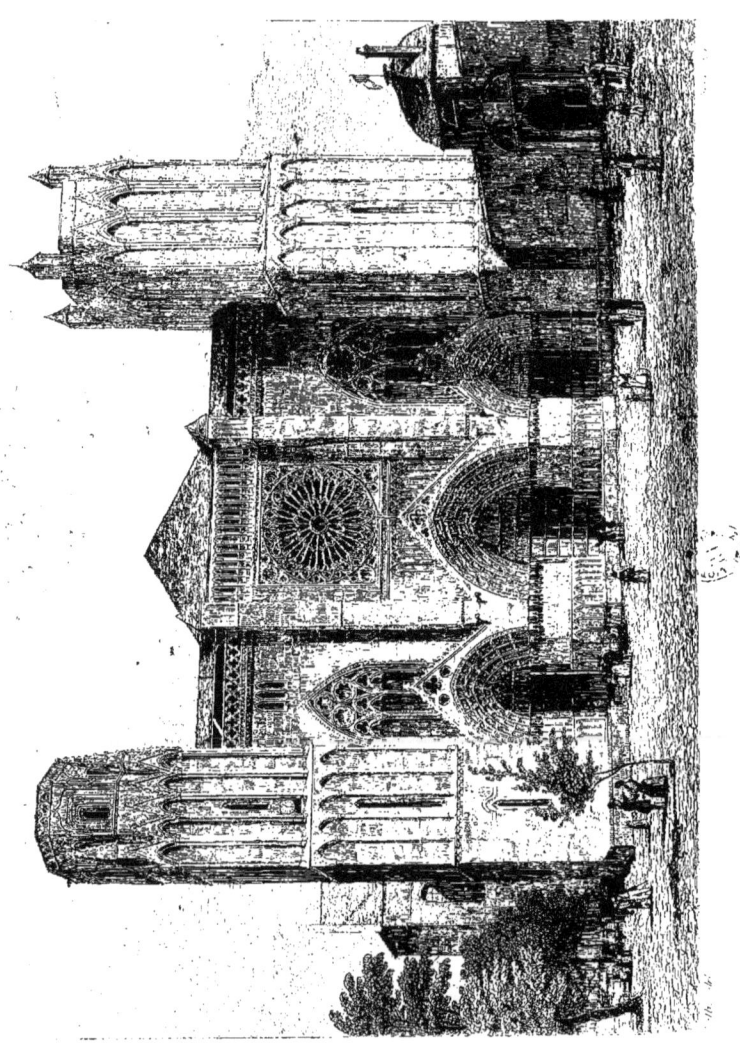

POITIERS.

Poitiers est une ancienne ville des Gaules dont les habitants embrassèrent la querelle des Romains contre leurs propres compatriotes les Gaulois; ils s'armèrent contre les *Andecavi* et soutinrent un siége rigoureux dans leur capitale, siége entrepris par Dumnacus, chef ou roi de ces *Andecavi*. Toujours fidèle aux Romains, la ville de Poitiers fut depuis comprise, avec son territoire, dans la seconde Aquitaine, par le faible Honorius. Elle ne tarda pas à devenir, avec les Gaules entières, la proie des barbares qui l'envahirent tour à tour, et surtout les Visigoths, dont elle devint la conquête à leur passage dans les Espagnes. Clovis s'en rendit maître après la fameuse victoire qu'il remporta sur le roi Alaric. Des restes de monuments bâtis par les Romains attestent son importance dans les siècles éloignés. — En 1152, la ville de Poitiers passa sous la domination anglaise par le mariage d'Éléonore d'Aquitaine avec Henri, duc de Normandie, qui devint roi d'Angleterre; elle y resta jusqu'en 1204, époque où elle fut réunie à la couronne par Philippe-Auguste. Les Anglais s'en emparèrent une seconde fois; mais Jean, duc de Berri et comte de Poitou, la leur reprit en 1356; Charles VII, qui lui succéda dans la suite, la réunit à la couronne. Dans ce temps malheureux, les Anglais, maîtres de Paris et de la plus grande partie de la France, ne laissaient à ce roi qu'un petit nombre de provinces. Poitiers devint alors, pendant quatorze ans, la capitale du royaume. Charles VII y tint longtemps sa cour, et le parlement y fut transféré. Cette ville, dont les rois d'Angleterre avaient déjà étendu l'enceinte, reçut alors un nouvel accroissement; mais les guerres de religion diminuèrent beaucoup sa population.

Poitiers est une des plus grandes villes de France, mais elle n'est pas peuplée en raison de son étendue, qui ferait croire à une population beaucoup plus nombreuse, si l'on ne savait que de vastes jardins, des vergers même, sont renfermés dans son enceinte, dont les murailles antiques, flanquées de tours de distance en distance, sont encore debout dans quelques endroits. Les rues, pour la plupart étroites autrefois, s'élargissent chaque jour, et des constructions modernes auront bientôt remplacé partout celles des siècles passés. Les pavés anguleux, qui rendaient ces rues (principalement celles qui sont escarpées) si pénibles à parcourir, ont disparu, dans les plus importantes, pour faire place aux pavés plats de grès. Presque toutes les autres en sont au moins garnies le long des maisons à une largeur suffisante pour l'usage des piétons.

La CATHÉDRALE, dédiée à saint Pierre, offre un coup d'œil d'ensemble plein de majesté par la grandeur du vaisseau, la hardiesse de ses voûtes, la régularité de l'architecture, qui dénonce l'époque de la transition du roman au gothique. En effet, elle fut commencée par Henri II, roi d'Angleterre, en 1152, et ne fut consacrée que plus de deux siècles après, en 1379. Les trois tympans qui forment la façade paraissent être l'ouvrage du quinzième siècle. Ils sont extrêmement remarquables. La longueur de l'édifice est de 98 mètres 48 centimètres, la largeur de 30 mètres 30 centimètres, et la hauteur de 29 mètres 50 centimètres. L'orgue qu'on y voit est un des plus beaux et des plus parfaits qui existent. L'immense muraille qui forme le chevet de cette remarquable cathédrale est peut-être ce qu'il y a de plus frappant; on la voit en allant à Sainte-Radegonde, qui n'en est qu'à une centaine de pas. Le chœur de la cathédrale contient soixante-dix stalles en bois sculpté, qui datent de la fin du treizième siècle; sur les trente-cinq placées de chaque côté, il y en a vingt à dossiers; toutes ces stalles sont ornées de miséricordes que décorent des feuillages variés; on y voit aussi quelques mascarons. Les dossiers sont du quatorzième siècle.

Radegonde, femme de Clotaire, fonda, sur le lieu même de celle qui lui est aujourd'hui dédiée, une église en l'honneur de la sainte Vierge. Brûlée et rebâtie deux fois, il ne reste plus de la seconde reconstruction, des dernières années du douzième siècle, que le porche, le clocher et la partie du fond, sous laquelle se trouve la crypte qui renferme le tombeau de la sainte ainsi que ceux de sainte Agnès, première abbesse de Sainte-Croix, et de sainte Disciole, jeune religieuse du même monastère. La grande nef est un beau morceau du style ogival primitif (douzième siècle). La sacristie, un peu plus ancienne, est admirée des connaisseurs, ainsi que le portail, dont les délicates sculptures indiquent le quinzième siècle.

L'ÉGLISE DE MONTIERNEUF est une ancienne abbaye de bénédictins, achevée en 1096. L'alliance des deux architectures romano-byzantine et ogivale se fait remarquer dans ce bel édifice. La nef, qui date de l'époque de la fondation, a été raccourcie et sa voûte abaissée.

L'ÉGLISE DE NOTRE-DAME remonte, selon quelques auteurs, à la fin du onzième siècle, tandis que d'autres en fixent la fondation au neuvième. Les nefs au moins sont antérieures au onzième. Les deux dernières travées et la façade sont un peu plus récentes. Le portail, qui fait l'admiration des archéologues et des simples curieux, est un des plus intéressants monuments de l'art byzantin en France. On est émerveillé de la richesse de l'ornementation, de la multiplicité des détails de ces délicates sculptures, qui rappelaient aux pieuses méditations des siècles de foi le touchant mystère de l'incarnation du Sauveur. La façade entière mérite d'être étudiée dans ses plus petites parties. On y reconnaîtra sans peine Adam et Ève après leur chute, Nabuchodonosor, l'Annonciation de la sainte Vierge, sa Visite à sainte Élisabeth, la Naissance de Jésus, la crèche, l'âne, le bœuf, etc. Au reste, tout est digne d'attention, à l'extérieur comme à l'intérieur de cette antique basilique; mais on ne doit pas en sortir sans avoir jeté un coup d'œil sur le groupe remarquable qui représente l'ensevelissement de Jésus-Christ, morceau de sculpture qui doit être de la fin du quinzième siècle.

SAINT-PORCHAIRE n'offre rien de curieux que sa tour romane du onzième siècle et les curieuses figures qui ornent sa façade.

LES ARÈNES, vaste amphithéâtre romain, plus grand que ceux de Pompéi et de

Nîmes, et qui pouvait contenir plus de vingt-deux mille spectateurs, offrent encore d'imposantes ruines.

A quelques pas de la cathédrale se trouve le temple Saint-Jean, vénérable monument qui remonte au quatrième ou tout au moins au cinquième siècle. Il sert aujourd'hui de musée à la Société des antiquaires de l'Ouest.

Au centre de la ville s'élève le colossal édifice appelé le Palais. On y admire la vaste salle qui fut celle des gardes de Jean, duc de Berri et comte de Poitou, servant aujourd'hui de salle des Pas-Perdus aux diverses chambres de la cour, qui siégent sur le lieu où furent successivement un palais romain, une demeure royale sous les deux premières races de nos rois, et le séjour des comtes héréditaires de Poitou.

Poitiers possède une bibliothèque de 25,000 volumes, riche en ouvrages imprimés et manuscrits sur la province. Elle a aussi un cabinet d'histoire naturelle, un cabinet d'antiquités, un jardin des plantes et une pépinière départementale.

LYON.

On attribue la fondation de Lyon au consul Munitius Plancus, qui la peupla de citoyens romains que les Allobroges avaient chassés de Vienne, quarante ans avant l'ère chrétienne. Auguste en fit la métropole de la Gaule celtique, qui, dès lors, prit le nom de Gaule lyonnaise. Auguste résida trois ans dans cette cité, qu'il embellit de somptueux monuments. Pour lui témoigner leur reconnaissance, soixante nations gauloises élevèrent en son honneur, au confluent du Rhône et de la Saône, un temple qui passait pour un des plus beaux de l'antiquité. Embellie par Claude, ravagée par les barbares, Lyon fut rebâtie par Néron au lieu qu'elle occupe aujourd'hui.

CATHÉDRALE DE SAINT-JEAN. La cathédrale de Lyon doit son origine à un baptistère fondé au commencement du septième siècle. Le sanctuaire et la croisée sont fort anciens; mais la grande nef paraît postérieure au siècle de saint Louis. Le portail n'a été achevé que sous le règne de Louis XI; il présente, au-dessus de deux marches qu'il faut monter pour y arriver, trois portiques de forme semblable et de hauteur différente; celui du milieu est surmonté d'une vaste rose circulaire. Deux galeries à balustrades en pierre, et taillées à jour, règnent dans toute la largeur de la façade. L'intérieur de l'église est d'une grande simplicité; mais la longueur des nefs, l'élévation des voûtes, la multiplicité des colonnes, la richesse des sculptures, la beauté des vitraux, qui ne laissent pénétrer qu'un jour sombre et mystérieux, donnent à cet édifice un grand caractère de majesté. La grande nef a 79 mètres de longueur dans œuvre, sur 11 mètres 30 centimètres de largeur entre les piliers. Le maître-autel s'élève presque au centre de l'embranchement de la croisée. Dans le bras gauche de la croisée, on remarque une horloge, chef-d'œuvre de mécanique pour son temps, qui offre un système complet d'astronomie en mouvement.

L'église Saint-Pierre est une construction du neuvième siècle. Le sanctuaire consiste dans un ordre de pilastres ioniques, couronné d'un entablement, au-dessus duquel sont placés deux anges aux extrémités. Derrière l'autel, formé de marbres précieux, est une vaste tribune qui servait autrefois de chœur aux religieuses. Le retable, où l'on a représenté l'enterrement de Marie, est un assez beau morceau de sculpture, ainsi que celui de la chapelle de la Vierge.

L'église de Fourvières est bâtie sur le point le plus élevé de la colline de son nom. Tous les samedis, et aux principales fêtes de l'année, elle est le rendez-vous d'une affluence considérable de pèlerins; l'intérieur est tapissé d'*ex-voto*. A côté de l'église se trouve une terrasse délicieuse qui domine les deux fleuves, et d'où l'on découvre toute la ville de Lyon, les plaines fertiles et les charmants paysages qui l'environnent.

L'église Saint-Nizier est remarquable par l'élévation et la hardiesse des voûtes, par la forme des piliers qui les soutiennent, par l'étendue de l'édifice, par la clarté qui y règne, et surtout par un certain caractère de sévérité imprimé à tout l'ouvrage.

L'église Saint-Bonaventure est vaste et très-spacieuse; mais elle n'est pas élevée à proportion de sa longueur. L'architecture, quoique dans le style gothique, est d'une simplicité remarquable. La nef est accompagnée de bas côtés où l'on voit un grand nombre de chapelles.

L'église Saint-Irénée renferme une crypte d'un aspect sombre, dont la voûte offre encore des vestiges d'une ancienne fresque; au milieu est un puits où, selon la tradition, on recueillit les ossements des martyrs. Cette crypte paraît être de la plus haute antiquité.

Hôtel de ville. L'hôtel de ville de Lyon est le plus bel édifice en ce genre qui existe en France; commencé en 1646, et entièrement achevé en 1655; il forme un carré isolé, composé d'une façade de 13 mètres 33 centimètres de large, qui règne sur la place des Terreaux, et de deux ailes en retour de 140 mètres de longueur, qui donnent sur deux des plus belles rues de Lyon, et se terminent à la place de la Comédie. La façade principale, qui donne sur la place des Terreaux, offre une belle apparence, et se termine par une balustrade sur laquelle s'élèvent deux grandes statues d'Hercule et de Minerve. Les deux parties latérales sont flanquées de deux pavillons carrés surmontés de frontons et terminés en dôme. Derrière la façade est la tour de l'horloge, haute de 50 mètres et couronnée par une coupole : l'horloge, placée dans cette tour, répond à quatre cadrans : celui qui regarde la place des Terreaux est accompagné de deux figures du Rhône et de la Saône. Le second portail, donnant sur la place de la Comédie, est flanqué de deux pavillons carrés, et peu inférieur au premier. La porte d'entrée de la façade principale s'annonce par un vaste perron de douze marches, qui lui donne un aspect majestueux.

Palais des arts. Ce vaste bâtiment est composé de quatre grands corps de logis qui forment une cour dont on a fait un parterre, orné dans le centre d'une statue d'Apollon placée sur un autel antique. La façade principale, qui donne sur la place des Terreaux, est embellie de deux ordres d'architecture en pilastres, le dorique et le corinthien ; un troisième ordre en attique s'élève au milieu et accompagne un belvédère à l'italienne, qui domine sur tout le bâtiment. L'intérieur répond à l'apparence du dehors. La cour est entourée d'un portique solidement voûté, et dont le dessus forme une terrasse découverte, bordée d'une balustrade de fer. Au centre de cette cour, ombragée de deux côtés par des arbres, un autel antique porte l'inscription d'un vœu de Junius Sylvanus Mélanion, receveur augustal : on a élevé au-dessus de cet autel une statue en marbre blanc.

Dans le palais des Arts sont établis : le musée de tableaux, le cabinet des médailles, le musée lapidaire, la galerie des plâtres antiques, le dépôt des pièces mécaniques pour la fabrication des étoffes de soie, la bibliothèque du conservatoire, l'école gratuite de dessin, et différents cours.

L'Hôtel-Dieu est une fondation de Childebert et de la reine Ultrogothe, son épouse. Ce superbe établissement est de la plus grande beauté. Le service s'y fait avec autant de générosité que de soins. La pharmacie est remarquable par sa grandeur et par l'ordre qui y est établi. La belle façade qui domine sur le quai du Rhône fut construite, vers le milieu du siècle dernier, par l'architecte Soufflot. C'est un magnifique bâtiment, qui n'annonce nullement l'asile de la pauvreté souffrante.

Places. Lyon possède plus de cinquante places publiques, dont quelques-unes seulement sont vastes, assez régulières, et ornées de beaux édifices; les autres sont petites, et n'offrent aucune régularité. — La *place Bellecour* est une des plus belles et des plus vastes de l'Europe. Elle a la forme d'un parallélogramme très-allongé, de 310 mètres de long sur 220 mètres de large d'un côté, et 225 mètres de l'autre; irrégularité qu'on a fait disparaître par une plantation de tilleuls qui occupe toute la face méridionale et dérobe la vue des maisons de ce côté. — La *place des Terreaux* est la plus remarquable après la place Bellecour. Cette place est petite, mais régulière; huit rues y aboutissent. L'hôtel de ville et le palais des Arts en occupent deux côtés.

Quais. Les bords du Rhône et de la Saône sont bordés de larges quais et de cours spacieux, pour la plupart bien ombragés. Les quais du Rhône forment une longue ligne droite, et paraissent beaucoup plus grands que ceux de la Saône, dont les sinuosités cachent l'étendue : sur les rives de la Saône, le bâtiment des Antiquailles, la bibliothèque de Saint-Jean, les prisons, l'église de Fourvières, le dôme des Chartreux, donnent aux divers points de vue un aspect majestueux, un caractère monumental; sur les bords du Rhône, l'architecture moderne a déployé, dans les édifices publiques et les maisons particulières, toute la richesse convenable à chacun de ces genres de construction.

ORLÉANS.

Orléans était l'une des premières cités de la Gaule sous la domination romaine. En 450, elle soutint un siége mémorable contre Attila, roi des Huns, et ne dut son salut qu'à Aëtius, qui força ces barbares à la retraite et les défit dans les champs cataloniques. Après la chute de l'empire, elle tomba au pouvoir des Francs, devint, sous les successeurs de Clovis, la capitale du royaume de son nom, et fut réunie à la couronne par Hugues Capet.

En 1428, les Anglais, maîtres de plus de la moitié du royaume, vinrent mettre le siége devant Orléans. Le roi de France, Charles VII, était brave, mais faible et voluptueux; il se laissait gouverner par ses compagnons de débauche et par ses maîtresses. Tout était désespéré : Orléans, pressée par le comte de Salisbury, était sur le point de se rendre, lorsqu'une jeune bergère, douée d'une imagination exaltée, se persuade que le ciel l'a destinée à sauver la France, et entreprend de le faire. On profite de l'impression que peut faire son enthousiasme sur les soldats. Couverte d'une armure, et la bannière à la main, elle marche à la tête de l'armée; les généraux qui la conduisent ont l'air de la suivre; elle n'a point de commandement, et paraît tout ordonner; son audace, que l'on cherche à entretenir, se communique à toute l'armée, et les Anglais sont forcés de lever le siège d'Orléans, après sept mois d'efforts inutiles. Cette fois-ci l'exaltation religieuse produisit un grand bien.

Mais la fortune abandonna l'héroïne : blessée et prise par les Anglais, qui exercèrent sur elle une honteuse vengeance, elle fut condamnée comme sorcière par d'infâmes juges, et brûlée vive à Rouen. Ainsi périt, oubliée du roi de France, cette fille étonnante qui avait relevé son trône. Mais les Orléanais n'abandonnèrent jamais ni le souvenir, ni le culte de cette héroïne ; un monument fut construit, aux acclamations du peuple, sur le pont même témoin de ses exploits. Les frais en furent supportés par les dames et les demoiselles d'Orléans ; la ville seule lui rendit cet hommage ; Charles VII n'y fut pour rien. Une procession annuelle fut instituée pour perpétuer la gloire de Jeanne d'Arc et le souvenir de la délivrance d'Orléans. Si l'on écarte les vains prestiges dont l'imagination superstitieuse des anciens historiens a entouré la Pucelle d'Orléans, pour examiner ce qu'elle a fait, elle n'en paraît que plus admirable. Simple fille de village, elle a acquis la plus belle des illustrations par la défense de son pays contre des ennemis étrangers. Bien des gens, se refusant à tout sentiment d'admiration, ne voient en elle qu'une femme visionnaire et fanatique, dont la politique a su faire un instrument. Mais la superstition était de son temps, et le fanatisme fut en elle une passion grande et généreuse, puisqu'il opéra des prodiges sans éteindre l'humanité dans son cœur.

Les Anglais peuplent les villes qui bordent les rives gracieuses de la Loire, depuis les environs d'Angers jusqu'à Beaugency. Tours est surtout leur ville de prédilection. A Orléans, ville très-rapprochée de Paris, dont on fait le trajet en quelques heures, ville agréablement située au bord de la Loire, on ne trouve pas une seule famille anglaise établie, et on remarque même que rarement les Anglais y séjournent plus de vingt-quatre heures, à moins d'une absolue nécessité. J'en demandais un jour la raison à un Anglais de mes amis, qui me donna ainsi la clef de cette énigme. Après avoir parcouru une grande partie de la France, où il faisait un séjour assez prolongé dans chaque ville importante à étudier, il était arrivé à Orléans, où il désirait trouver un appartement garni, et était sur le point d'en arrêter un pour plusieurs mois, lorsque, ayant fait connaître que cet appartement était destiné à être habité par une famille anglaise, l'hôte fit naître tant de difficultés, que le marché, sur le point d'être conclu, fut rompu tout à coup par le motif qu'on croyait avoir loué à un Français, mais qu'on ne croyait pas pouvoir sympathiser avec des Anglais. Les Orléanais, dit-il, ne peuvent nous pardonner notre conduite envers la libératrice de leur ville, et je crois qu'il avait raison.

L'antique cité d'Orléans est bâtie sur la rive droite de la Loire et sur la pente modérément inclinée d'un coteau fertile; elle se déploie majestueusement au nord du fleuve, et offre un très-bel aspect. Les maisons, dans les quartiers les plus anciens, sont généralement mal bâties, et pour la plupart en bois. Mais la plus grande partie de la ville se compose de rues larges, propres, bien percées et bordées de maisons d'une belle construction; la rue qui conduit en droite ligne de la place du Martroy au pont est l'une des plus belles de France. Les places publiques sont vastes, mais peu régulières.

La place du Martroy, quoique sans régularité, est la plus belle place d'Orléans. La statue de Jeanne d'Arc, d'une exécution médiocre, en bronze, occupe non le centre, mais une extrémité de cette place. La vierge de Domremy est représentée en amazone, tenant d'une main son épée, et de l'autre pressant une bannière contre son sein. La pose de cette figure est singulièrement tourmentée; le costume est un assemblage bizarre du costume antique et du moyen âge.

Orléans présente un bel aspect vu de la rive gauche de la Loire, qui, dans cet endroit, est très-large, et dont le lit n'est embarrassé par aucune île. Le pont sur lequel on traverse le fleuve est magnifique par ses proportions : il a 333 mètres de long, et se compose de neuf arches, dont la principale a 33 mètres d'ouverture. La courbe de ces arches est de celles que les architectes appellent courbes à plusieurs cintres. A la suite de ce pont est une promenade à l'extrémité de laquelle est le joli faubourg d'Olivet.

La cathédrale, connue sous le nom de Sainte-Croix, est un des plus beaux édifices religieux que possède la France. Les premiers fondements en furent jetés par l'évêque saint Euverte. Brûlée, ainsi que la ville, par les Normands, en 865, la piété des rois de France la releva de ses ruines. Elle fut encore détruite en 999, et rebâtie par l'évêque Arnout. Les calvinistes la ruinèrent presque entièrement en 1567; il ne resta que quelques chapelles et six piliers de la nef. Henri IV assigna des fonds, en 1599, pour sa reconstruction. Depuis cette époque, les travaux ont été suspendus et continués à diverses reprises, et sont sur le point d'être achevés : encore quelques années, et ce superbe édifice sera offert à l'admiration des siècles.

Le plan de l'église Sainte-Croix est d'un bel ensemble et n'offre aucune disparate; malgré toutes les vicissitudes qui ont entravé sa construction, on le croirait d'un seul jet et d'un seul architecte. Le portail est d'une élégance remarquable : les deux tours, ouvrage de Gabriel, sont construites avec beaucoup de grâce et de légèreté, et terminées par une espèce de couronnement; elles surpassent ce que nous offre de plus élégant en ce genre l'architecture gothique. On remarque aussi les portails latéraux, l'audace irrégulière et gigantesque des voûtes, la richesse des détails et l'effet hardi de l'intérieur.

L'église Saint-Agnan offre un joli vaisseau gothique. C'est, après la cathédrale, le plus bel édifice religieux d'Orléans.

L'église Saint-Pierre-le-Puellier est la plus ancienne de toutes les églises d'Orléans. Elle est petite et mal éclairée; quelques-unes de ses chapelles, vers le chevet, offrent à l'extérieur des portions qui remontent à la plus haute antiquité.

L'église Saint-Euverte, qui sert aujourd'hui de magasin, est une des plus jolies d'Orléans.

La chapelle Saint-Jacques, aujourd'hui magasin à sel, est ornée d'une jolie façade gothique dont les ornements variés sont dignes, par leur disposition et leur exécution, d'attirer les regards des artistes. L'époque de sa construction est très-incertaine; on présume qu'elle fut bâtie par Louis le Jeune, vers 1155.

L'ancien hôtel de ville, occupé aujourd'hui par le musée, est un édifice dont la construction a été commencée sous Charles VIII et achevée par Louis XII, en 1498. Il est décoré d'une façade remarquable. Dans la cour se trouve une tour carrée très-ancienne, qui faisait partie de la première enceinte d'Orléans, et dont le sommet est maintenant surmonté d'un télégraphe.

Musée. La ville d'Orléans possède un musée, fondé en 1825, et déjà très-riche en tableaux et en objets précieux, dus à la libéralité des habitants et à quelques dons du gouvernement. On y voit des tableaux de Mignard, de Vien, du Guide, de Philippe de Champagne, de Benedettoluti, de Van Romain, du Guerchin, de Drouais, de Rigaud, de Fragonard, etc. Les portes qui servent d'entrée intérieure à cet établissement sont celles de l'ancien jubé de Sainte-Croix.

Maison d'Agnès Sorel. Cette maison, située rue du Taboury, n° 15, est bâtie avec un soin particulier et un luxe de sculptures qui annoncent, au premier coup d'œil, qu'elle a dû être habitée autrefois par de riches et puissants seigneurs. La façade extérieure du bâtiment offre des croisées très-ornées, et les deux portes d'entrée sont remarquables par les bas-reliefs en bois qui y sont sculptés.

Maison de François Ier. Cette maison, située rue de Recouvrance, n° 28, forme l'angle sud-ouest de la rue de la Chèvre-qui-danse; elle a porté à différentes époques diverses dénominations, mais elle est connue généralement sous le nom de François Ier, à raison des emblèmes qui s'y trouvent. Elle a d'ailleurs été bâtie évidemment sous son règne.

Le Palais de Justice est un bâtiment d'une agréable distribution, construit en 1821. Le milieu de la façade est décoré de quatre colonnes doriques, surmontées d'un fronton, formant un péristyle exhaussé de huit ou dix marches accompagnées de deux belles figures de sphinx.

Le pont d'Orléans est composé de neuf arches, formant 333 mètres de long et 15 mètres 50 centimètres de large, y compris les trottoirs. La largeur de ses arches est inégale; la plus petite a 30 mètres 50 centimètres d'ouverture, et la plus grande 33 mètres : deux pavillons assez élégants le terminent du côté du portereau; l'un sert de logement au portier, l'autre de bureau à l'octroi.

En 1814, l'armée de la Loire, pour assurer sa retraite, avait fait préparer des fougasses sous les deux dernières arches du côté du portereau, et on eut alors l'occasion de remarquer le soin apporté dans la construction des doubles voûtes dont nous avons parlé. Le maréchal Davoust avait établi des palissades et un corps de garde sur le milieu du pont, dont l'autre partie, du côté de la ville, fut peu de jours après occupée par une division prussienne. Cent vingt bouches à feu françaises garnissaient les quais de Saint-Marceau et menacèrent, pendant plusieurs jours, la ville d'une destruction prochaine. Heureusement la prudence du maréchal et l'affection de l'armée pour la France rendirent ces formidables préparatifs inutiles. Le 29 juillet 1815, les Prussiens s'étant dirigés sur Blois et Tours, on s'empressa de reboucher avec soin les trous des fougasses et l'on répara le pont.

On remarque encore à Orléans la maison du célèbre jurisconsulte Pothier; le jardin de botanique, orné d'une terrasse d'où l'on jouit d'une fort belle vue; la bibliothèque publique, dont le joli vaisseau renferme 26.000 volumes.

PONT ET CHATEAU DE GIEN.

GIEN.

Gien est une ville ancienne. Quelques auteurs pensent qu'elle occupe l'emplacement de l'antique *Genabum* des Commentaires de César, que d'autres historiens placent à Orléans. Le premier titre où il est fait mention de cette ville est un acte de Pepin le Bref, de 760. Vers la fin du huitième siècle, Charlemagne y fit bâtir un château, qui devint la propriété d'Étienne de Vermandois, descendant du second fils de ce monarque. En 1410, les noces de la fille de Jean sans Peur, duc de Bourgogne, avec le comte de Guise, furent célébrées au château de Gien. En 1420, on y signa le traité, connu sous le nom de ligue de Gien, conclu entre Ch. d'Orléans, J. de Berry et Ch. d'Armagnac, contre le duc de Bourgogne, qui avait fait assassiner le duc d'Orléans. C'est aussi dans ce château que Jeanne d'Arc détermina Charles VII à marcher sur Reims pour s'y faire sacrer. En 1494, Anne de France, fille de Louis XI, régente du royaume pendant la minorité de Charles VIII, fit réparer et agrandir le château, ainsi que l'enceinte de la ville. François 1er l'habita en 1523. Louis XIV y fit un assez long séjour avec toute sa cour en 1652.

La ville de Gien est bâtie dans une situation agréable sur la rive droite de la Loire, qu'on y passe sur un beau pont de pierres de douze arches. Son aspect est remarquable du côté du sud, où elle s'étend en amphithéâtre sur le penchant d'un coteau, couronné par l'église Saint-Louis et par son antique château. Cette ville possède plusieurs maisons solidement construites de l'époque de la renaissance. Le château, qui est dans un bel état de conservation, appartient au département; il renferme la sous-préfecture, la mairie et le tribunal de première instance. On y jouit d'une vue magnifique sur le cours de la Loire.

Gien a souvent souffert des débordements de la Loire, notamment le 28 mai 1733 : la crue du fleuve causa une perte immense dans la banlieue du côté du Berry, emporta quelques maisons, la chapelle Saint-Nicolas et deux arches du pont du côté de la ville.

ISÈRE

GRENOBLE.

Grenoble existait du temps de César sous le nom de *Cularo*. L'an 374, l'empereur Gratien agrandit considérablement cette ville. Pour lui témoigner sa reconnaissance, elle changea son nom de *Cularo* en celui de *Gratianopolis*, qu'elle a conservé longtemps et dont par la suite on a fait Grenoble.

Longtemps encore après la conquête des Bourguignons et des Francs, Grenoble ne paraît pas avoir été une place importante. L'histoire n'en parle guère avant la fin du sixième siècle, qu'elle soutint un siége contre les Lombards. Après la destruction de la puissance des Bourguignons par les Francs, cette ville passa sous la domination des rois de la première et de la seconde race. Dans le treizième siècle, elle appartenait aux princes de Grésivaudan, qui prirent le titre de Dauphins, dont la postérité s'éteignit en 1355.

Grenoble est la première ville qui reçut Napoléon à son retour de l'île d'Elbe en 1815. Arrivé à l'entrée de la nuit sous les murs de cette ville, il en trouva les portes fermées: le colonel qui commandait dans la place n'ayant pas les clefs, que le lieutenant général avait fait porter chez lui, le peuple les enfonça en dedans et en dehors; l'empereur se rendit à cheval, au milieu des acclamations universelles, à l'hôtel des Trois-Dauphins, où il logea. A peine commençait-il à respirer qu'un tumulte épouvantable se fit entendre : c'étaient les portes de la ville que les habitants venaient lui offrir, disaient-ils, au défaut des clefs qu'on n'avait pu lui présenter.

La ville de Grenoble est située dans un bassin couvert de prairies et arrosé par des courants d'eau vive ombragés par une multitude d'arbres. Elle est bornée de tous côtés par des montagnes de forme bizarre, dont le pied est occupé par la vigne, les flancs et la cime par des pâturages et des bois. Partout on est frappé des beautés sauvages de la nature : d'un côté, des coteaux chargés de vergers et de maisons de plaisance offrent des sites variés, agréables et pittoresques ; de l'autre, l'Isère, poursuivant son cours rapide, arrose un pays délicieux qui contraste singulièrement avec l'âpreté des rives du Drac. La ville est bien bâtie sur l'Isère, qui la divise en deux parties inégales : l'une, extrêmement resserrée entre la rivière et les montagnes, est étroite et ne consiste, pour ainsi dire, qu'en une seule rue assez spacieuse, dont une partie a été récemment fort embellie, par suite de la construction des beaux quais qui bordent la rivière : on a détruit des masures dont l'aspect était misérable, qui ont été remplacées par une jolie promenade dans une belle et chaude exposition. Cette rue, qui forme le quartier le plus populeux et le plus industrieux, occupe la rive droite de l'Isère, et communique avec la rive gauche par un pont en chaînes de fer, dont les abords offrent de belles constructions élevées sur l'emplacement de vieilles maisons que l'on a fait disparaître, et par un autre pont en pierre qui vient d'être reconstruit et dont on a rendu l'accès facile. La plus basse partie de la montagne est appelée Rabot, celle qui est au-dessus se nomme la Bastille, enfin la partie supérieure porte le nom de mont Rachel. De cet endroit on jouit d'un très-beau coup d'œil qui embrasse la vallée du Drac et celle de l'Isère, au bout de laquelle on distingue, à plus de 120 kilomètres de distance, la majestueuse cime du Mont-Blanc. La seconde partie de Grenoble, qui occupe la rive gauche de l'Isère, est très-belle et formée de rues bien percées, mais qui, pour la plupart, sont étroites et bordées de maisons de trois ou quatre étages, dont les toits sont plats et recouverts en tuiles creuses. Les rues de cette partie de Grenoble sont, sur plusieurs points, pavées en pierres plates qui remplacent les anciens pavés en cailloux dont on abandonne l'usage. On y trouve un assez grand nombre de places publiques : les plus remarquables sont celles de Grenette, de Saint-André et de Notre-Dame.

Des promenades charmantes ornent les alentours de la ville, qui en possède même une fort belle dans son sein; c'est un jardin assez étendu, situé sur le quai de la rive gauche de l'Isère. Il a été planté par le connétable de Lesdiguières, et tient à l'hôtel de la préfecture, qui fut la résidence de cet homme célèbre. Ce jardin se compose d'un promenoir ombragé par des ormes et par des platanes; au-dessus s'élève une magnifique terrasse couverte d'une grande allée de marronniers monstrueux. Chaque soir, dans la belle saison, l'élite de la population se réunit sur cette terrasse, qui offre alors l'aspect le plus animé. — La promenade du Cours est formée de deux allées garnies chacune de deux rangs d'arbres qui bordent la grand'route et qui se prolongent en droite ligne jusqu'au pont de Claix, situé à 8,400 mètres de la ville. Enfin, en sortant par la porte de France, on voit une grande esplanade entourée d'allées d'arbres, formant une vaste étendue découverte, consacrée aux jeux de boule, aux exercices militaires, aux tirs usités dans les fêtes publiques et autres réjouissances.

Grenoble, fortifiée par le chevalier de Ville, était autrefois une place frontière de la plus grande importance; cependant, dominée de toutes parts par des montagnes élevées, elle n'aurait opposé qu'une faible résistance si l'ennemi avait pu pénétrer jusqu'au pied de ses murailles. Vauban l'entoura de remparts qui augmentèrent beaucoup son importance militaire. Récemment l'enceinte de cette ville vient d'être considérablement agrandie par le génie militaire, par l'adjonction des faubourgs de Trois-Cloîtres et de Saint-Joseph.

Grenoble possède une bibliothèque publique d'environ 60,000 volumes placés dans deux grandes pièces: la première, ou la salle d'entrée, a 14 mètres 20 centimètres de longueur, 9 mètres de largeur et 6 mètres 42 centimètres de hauteur; elle est éclairée d'un côté par huit fenêtres donnant sur la cour du collége et formant deux rangs de croisées. La grande salle a 66 mètres de longueur, 8 mètres 30 centimètres de largeur et 6 mètres 42 centimètres de hauteur; elle est éclairée d'un côté par huit fenêtres sur deux rangs, de l'autre par vingt fenêtres également sur deux rangs, et par une grande fenêtre au centre et à balcon, en face de la salle d'entrée. Un cabinet d'histoire naturelle et un cabinet d'antiquités sont contigus à cette bibliothèque; à l'extrémité de cet établissement est le musée des tableaux, renfermant plus de 130 tableaux parmi lesquels on compte des originaux de Rubens, l'Albane, Paul et Alexandre Véronèse, le Lorrain, Pérugin, Philippe de Champagne, l'Espagnolet, le Bassano, Lucatelli, Josepin, l'Orizzonte, Solario, Crayer, Vander-Meulen, le Brun, le Sueur, etc.

On remarque encore à Grenoble l'église Notre-Dame, l'évêché, l'hôpital général, le Palais de Justice, la salle de spectacle, la statue colossale en bronze, érigée en l'honneur de Bayard sur la place Saint-André; de nombreuses bornes-fontaines et un beau château d'eau orné de sculptures en bronze; l'arsenal, la citadelle, le jardin de botanique. On doit visiter aux environs le pont suspendu jeté sur le Drac, le pont de Claix, la Grande-Chartreuse, la magnanerie modèle, établie à quelques centaines de pas de la ville, etc., etc.

FOURVOIRIE.

FOURVOIRIE.

ENTRÉE DE LA GRANDE-CHARTREUSE.

Le fondateur du célèbre monastère de la Grande-Chartreuse est saint Bruno. Issu d'une famille opulente, nourri dans les jouissances du luxe, revêtu à Reims d'une des premières charges ecclésiastiques, renommé pour sa science, il pouvait prétendre à toutes les dignités, lorsque le dégoût du monde le détermina à chercher une retraite dans un vallon désert et sauvage des montagnes du Dauphiné que lui concéda saint Hugues, évêque de Grenoble, et où il institua, en 1084, l'ordre des Chartreux. Quelques cabanes furent d'abord construites dans ce désert, où l'on éleva sur un rocher un oratoire commun; mais plus tard le nombre des chartreux s'étant considérablement accru, on chercha un autre emplacement, et l'on construisit, en 1296, le vaste monastère dont les bâtiments existent encore aujourd'hui.

Deux chemins conduisent à la Grande-Chartreuse : l'un, scabreux et difficile, passe au Sapey, et n'est praticable que pour les personnes à cheval; il traverse une forêt continuelle de sapins, et offre de charmants points de vue sur la délicieuse vallée de Grésivaudan. L'autre chemin, beaucoup plus long, est tracé dans une vallée très-resserrée où coule l'Isère, en passant par les villages de la Buisserale, de Saint-Robert et de Voreppe; au delà de cet endroit, il s'enfonce entre deux montagnes, dont l'une, à gauche, est cultivée jusqu'au sommet; l'autre, à droite, presque partout inculte et couverte de forêts de sapins, est sillonnée de profonds ravins qui la rendent inaccessible. Ce chemin aboutit au bourg de Saint-Laurent-du-Pont, bâti au milieu de montagnes à pic d'une élévation prodigieuse. A peu de distance de ce bourg, on trouve le hameau de Fourvoirie, qui offre un point de vue extrêmement pittoresque. Bientôt la vallée se resserre : tout à coup les deux montagnes se rapprochent et perdent dans les nues leurs cimes devenues presque verticales. En avançant encore, il faut nécessairement, après avoir franchi le torrent sur un horrible pont jeté d'une montagne à l'autre, passer sous une voûte étroite fermée par une double porte, sous laquelle le chemin semble fuir; c'est le seul passage qu'on aperçoive, c'est la première entrée de ce désert. Au delà de cette double porte, le chemin se rétrécit davantage, les montagnes s'élèvent à une telle hauteur, qu'on peut à peine voir le ciel. La route est presque partout taillée dans le roc : il a fallu établir à une grande profondeur un mur très-épais pour soutenir le chemin : dans les endroits les plus dangereux, des blocs de rochers, placés sur le bord du précipice, servent de parapets; ailleurs, le rocher a été taillé en voûte, de manière à s'opposer au passage de toute espèce de voiture. On marche pendant plus d'une heure en longeant à gauche et remontant le torrent de Guiers-Vif, qui va former avec le Guiers-Mort la rivière des Échelles. On l'entend sans cesse lutter contre les rochers qui lui disputent le passage; mais on ne l'aperçoit que par intervalles, à travers l'épaisseur de la forêt, et dans un effroyable abîme, dont un seul faux pas peut vous faire mesurer la profondeur. On avance dans l'obscurité de la forêt, toujours entre la montagne et le torrent, jusqu'au deuxième pont qui était l'ancienne entrée des chartreux, et qui se trouve à 4 kilomètres du premier. Ce dernier pont franchi, on côtoie la rive opposée, et l'on n'a plus que 2 kilomètres de forêt avant d'arriver au couvent. Même horreur, même ombrage impénétrable à l'astre du jour, même profondeur des précipices, même hauteur des montagnes. La fraîcheur dont on jouit ajoute, dans la saison des chaleurs, un charme de plus à toutes les sensations qu'on éprouve. Enfin la vallée s'évase un peu, la forêt cesse entièrement, et l'on se trouve dans une vaste prairie au fond de laquelle l'œil mesure, avec toute l'immensité des bâtiments, une partie du désert dont ils occupent le centre.

Ces bâtiments de l'ancien chef d'ordre des chartreux sont d'une architecture noble, simple et solide. Tels qu'on les voit aujourd'hui, ils ont été élevés vers 1678, sous le généralat de dom Innocent le Masson, après un incendie qui venait de détruire pour la huitième fois la maison. Adossés contre la montagne qui borde la rive gauche du torrent, ils n'ont d'autre aspect que la coupe très-rapprochée qui s'élève sur l'autre rive. La prairie dont ils sont entourés l'est elle-même par la forêt qui couvre toute cette haute région. La façade est embellie par des jardins en terrasse; on voit dans la cour, qui est assez grande, deux bassins d'eaux vives avec des jets qui s'élèvent à plusieurs pieds. Le monastère se compose de deux grands édifices en forme de parallélogramme, dont l'un est dirigé obliquement contre l'autre, et forme avec lui un angle aigu. Le premier a environ 300 mètres de longueur sur 17 mètres de largeur. Une longue galerie conduit, d'un côté, aux maisons de chacun des grands officiers de l'ordre; celle du général occupe l'extrémité de cette galerie. A droite sont les cuisines et le réfectoire. L'église est placée au centre. Au premier étage se trouve la salle capitulaire, les chambres des frères et des logements pour les prieurs qui étaient appelés au chapitre général. — Le second corps de logis peut avoir 400 mètres de long sur 17 mètres de large : cette partie des bâtiments forme le cloître, contre lequel sont rangées les cellules des religieux, au nombre de cinquante-quatre, et la Correrie, où se trouvaient les écuries, les greniers, l'infirmerie, des ateliers pour toute sorte d'industries, et jusqu'à une imprimerie. — Le cloître est composé de trois cours parallèles : le cimetière, au centre duquel s'élève une grande croix de pierre, occupe celle du milieu ; une multitude de petites arcades à vitres plombées éclairent ces longs corridors. Quatre fontaines, d'une eau aussi froide que la glace, interrompent seules le silence qui règne sous ces voûtes. Tous les bâtiments sont entourés de jardins et de cours assez vastes et fermés par un mur. L'église n'offre rien de remarquable. On visite dans l'intérieur : la salle du chapitre, longue de 15 à 16 mètres et large de 9 à 10 mètres, et dont le fond est occupé par une chaire d'où les généraux haranguaient le chapitre assemblé; les cuisines, où se trouvent de longues tables en marbre; les appartements des étrangers; les caves, fraîches et spacieuses, et la fromagerie. — En remontant le torrent par un chemin ombragé, large et assez commode, on arrive, en un quart d'heure, à la cellule de saint Bruno, aujourd'hui convertie en chapelle, au-dessous de laquelle est une grotte qui renferme une fontaine.

Non loin de la Grande-Chartreuse, on remarque la grotte du *Trou-du-Glaz*, ou de la Glace, parce qu'elle en conserve souvent toute l'année. Sa longueur est de 240 mètres. Elle renferme des stalactites d'une grosseur énorme et d'une assez belle transparence.

PUY DE DÔME.

CLERMONT-FERRAND.

On a beaucoup écrit sur l'origine de Clermont. Les uns ont prétendu que cette ville était l'ancienne Gergovia, assiégée par César; d'autres croient que Gergovia existait avant l'invasion des Gaules sur la montagne qui porte encore ce nom. Quoi qu'il en soit, cette cité, sous le nom d'*Augusta-Nemetum*, devint célèbre sous les Romains, et eut un sénat qui existait encore au septième siècle. Dans le cinquième siècle, les Vandales la dévastèrent; Clovis la soumit en 507, et Pierre l'Ermite y prêcha, en 1095, la première croisade. Déclarée chef et capitale de l'Auvergne en 1556, cette ville n'a cessé d'être et est encore aujourd'hui la cité la plus importante de toute cette ancienne province.

La ville de Clermont est bâtie à l'entrée d'un vaste bassin demi-circulaire que couronnent de riches coteaux derrière lesquels s'élève le majestueux Puy de Dôme. Ce superbe vallon est largement ouvert au levant, en sorte que de la ville et de quelques-unes de ses promenades la vue se déploie sur la grande largeur de la Limagne jusqu'aux montagnes orientales du département, à 30 ou 40 kilomètres de distance.

Cette ville est ceinte de boulevards plantés d'arbres et environnée de faubourgs qui forment près de moitié de son étendue. Les rues sont, pour la plupart, étroites, sombres et mal percées, les maisons sont hautes et resserrées, surtout dans la partie la plus élevée de la ville; mais elles sont solidement bâties en laves de Volvic, dont l'aspect est sombre et triste. Les différents quartiers n'ont nulle symétrie; les places sont vastes, mais irrégulières ou mal entourées; toutefois, les nouvelles constructions offrent un aspect agréable.

Places publiques. Les principales places sont : la place d'Armes ou de Jaude, parallélogramme de 262 mètres de long sur 82 de large, environnée de maisons presque toutes neuves et bien bâties. — La place de la Poterne, située dans la partie la plus élevée de la ville, est exposée au nord, plantée d'arbres, et domine sur le faubourg Saint-Alyre, ainsi que sur une grande étendue de pays. — La place d'Espagne domine sur la grand'route et offre plusieurs points de vue superbes. — La place du Taureau est parfaitement carrée et remarquable par une belle fontaine en obélisque, de 12 mètres de haut, élevée à la mémoire du général Desaix ; on y jouit d'une vue magnifique sur le riant bassin de la Limagne, sur le plateau de Gergovia et sur le pic de Mont-Rognon. — La place Delille ou Champeix est vaste, irrégulière et ornée d'une superbe fontaine de style gothique.

Clermont est une des villes de France qui jouissent des eaux les plus belles, les plus abondantes et les plus salubres; elles arrivent par des conduits souterrains de Royat jusqu'à la partie la plus élevée de la ville, d'où elles se distribuent dans tous les quartiers, où elles alimentent plusieurs fontaines. L'une des plus remarquables est le château d'eau, construit en 1511, et transféré en 1808 à la place où on le voit aujourd'hui. Cette fontaine isolée offre une construction ornée d'une multitude de figures, de jets, de bassins et de bas-reliefs disposés en forme pyramidale, dont l'ensemble, quoique chargé et confus, présente un aspect singulier et riche d'effet; les détails sont surtout curieux par le choix des dessins et la délicatesse de l'exécution.

Église cathédrale. Cette église, bâtie sur l'emplacement d'une église du cinquième siècle, fut commencée en 1248 par l'évêque Hugues de la Tour, et continuée par ses successeurs; cent ans après sa fondation, elle n'avait pu être achevée, et elle était encore imparfaite en 1496; le portail latéral et les deux tours étaient à construire, ainsi que plusieurs chapelles. La nef est restée jusqu'à présent inachevée et disproportionnée avec la grandeur du reste de l'édifice. Néanmoins, cette basilique, tout imparfaite qu'elle est, peut être comparée avec avantage aux plus beaux monuments gothiques; elle a 100 mètres de longueur, 43 mètres de largeur et 33 mètres de hauteur du pavé à la voûte, qui est en ogive et soutenue par 56 piliers. Chacun de ces piliers forme un faisceau carré de colonnes rondes extrêmement déliées; au-dessus de la corniche et à la naissance de la voûte, ces colonnes se détachent et se courbent pour former les arêtes des voûtes; les piliers du rond-point sont surtout remarquables par leur délicatesse; les vitraux et les riches rosaces de la croisée méritent particulièrement l'attention des artistes et des hommes de goût; on remarque aussi la beauté du chœur, qu'entourent de jolies chapelles.

Le Pont. L'église de Notre-Dame-du-Port, bâtie vers l'an 580 par saint Avit, évêque de Clermont, fut pillée et brûlée par les Normands en 824. L'évêque Sigon la fit rétablir en 853. C'est le plus ancien et l'un des plus remarquables édifices de Clermont; car il est évident que plusieurs de ses parties appartiennent à la construction primitive. Les ornements et les bas-reliefs de la porte méridionale sont extrêmement curieux; l'extérieur est décoré, en divers endroits, de mosaïques composées de pierres noires et blanches du plus beau style byzantin.

On doit visiter, aux environs de Clermont, le site admirable de Royat. Ce lieu, célèbre dans la Limagne par l'abondance, la pureté et l'utilité de ses eaux, est une dépendance de la commune de Chamalières. Ce village est bâti dans une gorge, entre deux montagnes de basalte, sur un ancien courant de laves, et entouré de gibbosités énormes que la coulée a faites en se boursouflant. Au milieu de ces horreurs on rencontre à chaque pas des points de vue admirables, et les sources nombreuses qui jaillissent ou qui coulent de toutes parts ont fait naître sur ces antiques masses de lave plusieurs vergers et quelques prairies, dont les nuances riantes réjouissent la vue : la fraîcheur et la solitude de ces retraites charmantes, le bel ombrage qu'offrent dans la belle saison les noyers et les châtaigners font de cet endroit un asile délicieux. En remontant la gorge basaltique, on voit de toutes parts découler et dégoutter les eaux qui descendent des hauteurs voisines; à gauche sont des sources abondantes qui, arrivant à travers la montagne, viennent sourdre sous le basalte qui la couvre. Dans une gorge étroite, au bas du Royat, en descendant un sentier cahotant et après avoir traversé une petite rivière appelée la Tiretaine, qui descend, en bruissant, des villages de Fontanat et de la Font-de-l'Arbre, on trouve une grotte charmante, formée de rochers basaltiques, d'où s'élancent sept jets d'une eau limpide et intarissable, qui va se joindre au joli torrent des sources de Fontanat. Cette grotte a environ 10 mètres de large sur autant de profondeur, et 3 à 4 mètres de hauteur; l'aspect et le murmure des sources, la fraîcheur de la verdure, les masses de rochers qui entourent la grotte que surmontent les ruines d'une ancienne église, concourent à rendre le site de Royat l'un des plus remarquables de toute l'Auvergne.

MONT DORE LES BAINS.

MONT-DORE-LES-BAINS.

Ce village, situé dans une vallée pittoresque, entourée de montagnes qui abondent en produits minéralogiques et en plantes médicinales, est célèbre par ses bains d'eaux thermales.

Le Mont-Dore se trouve adossé à la base de la montagne de l'Angle, d'où naissent les sources, et à peu près au milieu d'une profonde vallée qui se courbe en croissant, du nord au midi, et que la Dordogne, qui y prend naissance, sillonne dans toute sa longueur. Les montagnes qui ferment la vallée, quoique fort élevées, sont partout couvertes d'une végétation vigoureuse, et présentent de nombreuses et profondes écorchures souvent couronnées par d'énormes bancs de rochers laissés à nu par les éboulements. Ces accidents de terrain sont surtout remarquables et nombreux sur les pics qui contiennent l'enceinte vers le sud. La sévérité de leur aspect, leurs pentes perpendiculaires, les flancs noircis et absolument nus de ces étroites déchirures, leur ont fait donner le nom de *Cheminées* ou Gorges d'enfer. D'énormes roches pyramidales, restées debout au milieu de ce désordre, s'élancent en aiguilles du fond de l'abîme, et impriment à ce site une physionomie encore plus sauvage. Point de terres cultivées dans le fond de la vallée. Tout est en prairies. Sur les pentes, où une industrie opiniâtre dispute pas à pas le sol aux éboulements des cimes qui tendent sans cesse à l'envahir, croissent çà et là quelques hêtres et quelques arbustes. D'immenses forêts de sapins les couvraient naguère encore de leur sombre verdure; mais elles s'éloignent et reculent chaque année vers les crêtes. Comme le reste de l'Auvergne, cette contrée fut jadis tourmentée par les éruptions volcaniques. Tout y porte leur empreinte de désordre et de dévastation; tout, dans cet amas confus de monts de formation secondaire, entassés pêle-mêle dans ces vallées profondes, parsemées d'énormes débris de laves, sillonnées de nombreux torrents qui se précipitent des cimes, tout, disons-nous, atteste d'une manière irréfragable les effets terribles de ces effrayantes convulsions, qui, dans des siècles reculés, vinrent bouleverser ce sol.

Le Mont-Dore est séparé de Clermont par deux chaînes de montagnes qui étaient, avant 1786, d'un difficile accès. Les malades ne pouvaient s'y faire transporter qu'à cheval ou en litière. Deux routes y conduisent aujourd'hui : l'une, la grande route, passe par la Baraque, par Rochefort, Laqueuille-en-Murat-Lequaire. La petite route se divise d'abord en deux jusqu'à la distance de 8 kilomètres; l'une des branches passe par Gravenoire, Thedde et Pardon; l'autre par la Baraque, Laschamp, et rejoint la première auprès du Puy-Noir et continue par Randanne, Pessade et la Croix-Morand. La grande route tourne une partie du groupe des montagnes du Mont-Dore.

L'époque de la découverte des eaux thermales du Mont-Dore se perd dans la nuit des temps. Depuis une longue suite d'années, les sources minérales et thermales attirèrent un nombreux concours de malades, comme l'attestent les ruines d'immenses établissements romains découverts lors des fouilles faites en 1817 pour les premiers travaux des constructions modernes; l'affluence des malades qui venaient y refaire une santé délabrée devait être considérable, la réputation et les effets salutaires de ces sources étaient bien établis, si l'on en juge par la magnificence des édifices antiques et par les soins multipliés que les Romains avaient apportés à leur construction.

Le Mont-Dore n'était encore qu'un chétif et pauvre village, lorsqu'en 1810, sur les données de M. Ramond, alors préfet du Puy-de-Dôme, et dont le nom est demeuré si cher à l'Auvergne, les eaux furent acquises au nom du gouvernement. En 1819, les premiers fonds furent obtenus par M. de Rigny, l'un des successeurs de M. Ramond, et les travaux commencés alors n'ont plus été interrompus jusqu'à leur entier achèvement. L'industrie particulière, encouragée et sagement dirigée, a suivi l'impulsion donnée, et de nombreuses maisons bien construites sont venues remplacer les anciennes masures.

On compte au Mont-Dore sept différentes sources, toutes d'une température assez élevée, à l'exception de la fontaine Sainte-Marguerite, qui est froide. Ces sources sont devenues, en 1810, la propriété du gouvernement, qui a construit au Mont-Dore un vaste établissement qui présente trois grandes masses ou divisions principales appuyées l'une à l'autre :

1° Le pavillon où se trouvent, chacune avec leur douche, les cinq baignoires alimentées par les sources Saint-Jean ; plus, deux autres cabinets placés sur les deux angles du carré. Cette partie est aussi connue sous le nom de Grand-Bain. On s'y baigne dans l'eau minérale pure et à sa température native.

2° La grande salle attenante au pavillon, et présentant neuf cabinets de bains sur chacune de ses ailes, en tout dix-huit bains et autant de douches. C'est là que s'administrent les bains tempérés. Sur ces dix-huit cabinets, six sont munis d'une douche ascendante.

3° Enfin, un troisième corps de logis encore plus étendu, ou bâtiment de l'administration, qui vient se développer perpendiculairement aux deux précédents, et n'est séparé de la grande salle que par le palier du grand escalier de service. Là se trouvent le grand salon de réunion avec deux salles de billard, etc. Voilà ce qui constitue le premier étage.

Au rez-de-chaussée, une partie des thermes, plus spécialement désignée sous le nom de *piscines*, est exclusivement affectée au service des indigents. Deux grandes piscines, onze douches et trois baignoires la composent. Toutes les eaux qui s'y rendent sont vierges et pures de tout contact avec les eaux de vidange des parties supérieures. En avant des piscines, et séparé seulement par l'entrée des deux rampes latérales du grand escalier, se trouve un beau promenoir couvert où viennent jaillir les eaux destinées à la boisson, dans quatre grandes cuvettes en lave. Le promenoir, qui forme la partie inférieure de la façade et donne entrée dans le monument, est percé de cinq larges portes en arceau, fermées par des grilles de fer. Ces voûtes sont en berceau et supportent le salon de réunion, qui est de même étendue. Aux deux extrémités du promenoir et sur les deux côtés qui terminent la façade des thermes, se trouvent les bains de pieds, les bains et les douches de vapeur.

La source de César vient sourdre dans un petit édifice isolé qui porte le caractère de la plus haute antiquité ; mais il se rattache aux thermes par un spacieux réservoir qui leur est adossé, et dans lequel ses eaux sont entreposées pour aller ensuite, mêlées avec celles de la source Caroline, fournir toutes les douches de la grande salle et des piscines.

Les environs du Mont-Dore offrent de délicieuses promenades, parmi lesquelles on cite principalement :

La roche Vendeix. Cône basaltique escarpé de tous côtés et placé sur la gauche de la Dordogne, entre le village des Bains et la Bourboule, au milieu des bois, dans un lieu d'un accès difficile. Le sommet supportait un château fort auquel on n'arrivait que par un sentier étroit, taillé en gouttière, sur la droite du cône. Froissard, dans ses *Chroniques*, fait une longue narration des événements qui eurent lieu vers la fin du quatorzième siècle (1390), et à l'occasion du siège soutenu par Aimérigat-Marcel, surnommé le roi des pillards, contre les troupes du roi commandées par Robert de Béthune, vicomte de Meaux, au haut de la roche Vendeix. Il ne reste plus rien de cette ancienne forteresse ; mais le panorama magnifique dont on y jouit vaudrait seul la peine de la gravir si on n'y était attiré par l'intérêt historique.

Le Puy ou pic de Sancy, élevé de 1,887 mètres au-dessus du niveau de la mer, il est impossible de se rendre compte de tout ce que l'œil aperçoit du haut de ce pic ; l'Auvergne entière est visible, l'horizon paraît sans bornes. L'observateur a à ses pieds, de chaque côté, des escarpements, d'épouvantables précipices, qui lui font bientôt éprouver le besoin de porter sa vue au loin. Par un très-beau jour, il distingue, à l'est, les montagnes des Alpes ; au sud, très-parfaitement celles du Cantal, et, en tournant vers le nord, la longue chaîne des Monts-Dômes qui vient se joindre à celle des Monts-Dores.

La cascade de Queureilh. Cette cascade est très-renommée, et, comme elle est assez rapprochée du village des Bains, tout le monde veut la visiter. Elle est moins haute que la Grande-Cascade, mais elle est dans un lieu plus agréable. C'est ordinairement un des lieux que la société du Mont-Dore choisit pour une partie de plaisir, un repas champêtre.

MONT-DORE-LES-BAINS.

La cascade de la Vernière. Cette cascade, située à l'ouest du village des Bains, à gauche de la Dordogne, est mystérieusement cachée dans un bois de hêtres, au-dessous de la sombre forêt de sapins qui tapissent tout le côté méridional de la vallée. Pour s'y rendre, on passe la Dordogne près du hameau du Genestoux; on suit jusqu'à mi-côte le chemin de Rigolit-Bas, et, à droite, un petit sentier qui traverse des prés y conduit. Longtemps avant d'y arriver, le bruit de ses eaux se fait entendre. Sa hauteur est d'environ 7 mètres; sa nappe d'eau, qui s'est pratiqué une profonde échancrure dans la roche volcanique, est divisée en deux par une masse de rocher proéminent.

La Grande-Cascade, renommée par ses beaux effets de lumière et sa position singulière, est très-visible à gauche de la vallée. Lorsque les rayons du soleil l'éclairent entièrement, ils produisent un arc-en-ciel vivement coloré que l'on admire du village des Bains. Le ruisseau qui forme la cascade s'élance du haut d'une couche puissante de trachyte coupée à pic et fortement évidée à sa base, de manière à faciliter la circulation autour de la chute d'eau et à la laisser voir sous tous les aspects. On évalue la hauteur de sa chute à 26 mètres.

Le Capucin, montagne dont le sommet est à 1,471 mètres au-dessus du niveau de la mer. Elle est formée de prismes irréguliers de trachyte; un de ces prismes, ou plutôt une masse de trachyte qui ne tient à la montagne que par sa base, ressemble, de loin, à un moine dont la tête est couverte de son capuce. C'est à cette forme bizarre qu'elle doit le nom de Pic-du-Capucin.

L'une des jolies promenades pour les personnes qui visitent le Mont-Dore ou qui y séjournent pour la fortification de leur santé, c'est celle du lac de Guery, de la Roche-Tuillière et de la Roche-Sanadoire; trois choses également remarquables et qui se trouvent très-rapprochées l'une de l'autre.

Peu de baigneurs partent sans avoir visité, entre autres sites remarquables, le lac Pavin, le château de Murol, le salon de l'Arbre-Rond, les gorges d'Enfer, la vallée de la Cour. On se sert, pour faire ces courses, des chevaux du pays, habitués aux fatigues des montagnes.

Le nombre des malades qui fréquentent les eaux du Mont-Dore est considérable, et tend chaque année à s'accroître. Les étrangers se réunissent dans un vaste et beau salon dans lequel on donne des bals plusieurs fois par semaine.

Le village du Mont-Dore peut recevoir six à sept cents étrangers. Presque toutes les maisons ont des logements garnis et tiennent des tables d'hôtes. La dépense journalière est de six à sept francs par jour.

La saison des eaux commence vers le 20 juin et se prolonge jusqu'au 20 septembre.

PUY DE DÔME.

PONT-GIBAUD.

Cette ville est bâtie en amphithéâtre sur une coulée de lave, au bord de la Sioule, rivière dont les bords sont extrêmement pittoresques, et qui arrose au-dessous de Pont-Gibaud de magnifiques prairies. Aux environs, le sol est couvert de vestiges accumulés des anciens volcans qui jadis bouleversèrent cette contrée : la ville elle-même est en partie construite avec des pierres volcanisées.

Le château de Pont-Gibaud est un vieux manoir très-solidement construit en grosses pierres de taille, qui s'élève sur un plan quadrilatère; au centre est une cour; à l'un des angles est une grosse tour ronde, également en pierres de taille, et dont les murs ont 4 mètres 33 centimètres d'épaisseur : elle est élevée de trois étages, dont chacun est couvert par une voûte en forme de calotte sphérique et allongée.

A un kilomètre de Pont-Gibaud se trouve la fontaine d'eau minérale acidule de Javel. Aux environs, près de Tournebise, on voit un camp retranché en pierres sèches, dont on attribue la construction aux Gaulois; et, non loin de là, la fontaine d'Oule, dont les eaux sont constamment gelées pendant tout l'été.

On exploite à Pont-Gibaud des mines de plomb qui consistent en filons de galène plus ou moins argentifère, et qui est souvent accompagnée de blende. La richesse de la galène est très-variable : le plomb, que l'on en extrait en grand, contient depuis cent cinquante grammes jusqu'à quatre cent vingt grammes d'argent au quintal métrique. Les filons sont en très-grand nombre; on en exploite actuellement treize, et il en est dans lesquels on rencontre jusqu'à cinq mètres de minerai natif : ils constituent deux groupes; le groupe de Pranal et Barbeucot, et le groupe de Roure et Rozier. — Le nombre des ouvriers de tous rangs employés dans l'établissement était, en 1844, de plus de quatre cents. — Les produits marchands, en argent, plomb et litharge, ont produit, en 1839, une somme de neuf cent mille francs, et ces produits ont considérablement augmenté depuis cette époque.

PONT DU GARD

LE PONT DU GARD.

Lorsque le voyageur qui suit la route du Pont-Saint-Esprit à Beaucaire sort des gorges arides des Valiguières, il ne doit pas manquer de prendre le premier embranchement à droite, s'il veut passer au pont du Gard, au lieu de suivre la route de Remoulins, plus courte, il est vrai, que la première de 2 kilomètres, mais qui prive celui qui la suit de voir un des plus beaux monuments que l'antiquité ait transmis à l'admiration des siècles.

Ce monument, situé entre deux arides collines, dans une gorge étroite où le Gard roule ses flots impétueux au milieu d'une solitude silencieuse, est regardé comme l'aqueduc le plus hardi qu'on ait imaginé; il n'était que la partie principale d'un aqueduc de 28 kilomètres de long qui conduisait à Nîmes les eaux de la fontaine d'Eure. Trois rangs d'arcades à plein cintre, élevées les unes sur les autres, forment cette grande masse de 200 mètres d'étendue sur 53 mètres de hauteur. Le premier rang comprend toute la largeur de la vallée : il forme un pont de six arches, sous l'une desquelles coule le Gardon; le second rang se compose de onze arches; le troisième rang est ouvert de trente-cinq arches, et supporte le canal ou l'aqueduc, qui a 2 mètres de large sur autant de profondeur, et qui couronne tout l'édifice. Quelle légèreté! quelle élégance dans ce triple rang d'arcades d'ordre toscan! quelle solidité! quel art dans ces piles, dont les pierres se soutiennent sans ciment par leur propre poids et par un juste équilibre! A l'exception de ses extrémités supérieures, le pont du Gard est d'une conservation parfaite; il semble bâti d'hier. Ce qui ne frappe pas moins que la noblesse, que la grandeur de ses proportions, c'est sa agreste situation. De quelque côté que s'étende la vue, elle ne rencontre aucune trace d'habitation, aucune apparence de culture; l'humble genévrier, le thym ou la lavande sauvage, uniques productions du désert, y exhalent sous un ciel brûlant leurs parfums solitaires. Enfin on se demande quelle force a transporté ces pierres énormes, a réuni les bras de tant de milliers d'hommes dans un lieu où il n'en habite aucun.

Le pont du Gard, monument étonnant du génie des Romains, est adossé à des montagnes qu'il réunit pour la continuation du passage des eaux. Il est tout bâti de pierres de taille, posées à sec, sans mortier ni ciment; celles qui font face aux piles du premier et du second pont sont de toute la largeur de la pile, sur 70 centimètres de largeur et 60 centimètres de haut, avec bossages et leurs parements, et une ciselure à leurs joints : cette assise est tout en carreaux; par-dessus, il y en a une autre de pareille largeur et hauteur qui est tout en boutisse. L'architecture de l'édifice est d'ordre toscan. Les parois et le sol de l'aqueduc sont enduits d'un ciment très-bien conservé, même dans les parties souterraines, où il est entièrement établi dans le roc. L'aqueduc, porté par le pont du Gard, et destiné à conduire les eaux, fait plusieurs contours à travers les montagnes et les rochers; il se partage en trois conduits, dont le premier portait l'eau dans l'amphithéâtre de Nîmes, le second dans la fontaine, le troisième dans les maisons de plusieurs particuliers. On voit un de ces aqueducs encore presque entier dans un enclos particulier. Outre ces trois aqueducs, il en dérivait de petits qui conduisaient l'eau dans plusieurs maisons de campagne des environs de Nîmes. La partie la mieux conservée existe entre le pont du Gard et Nîmes, sur une longueur de plus de 12 kilomètres, parce que, étant souterraine, elle a beaucoup moins souffert de la dégradation. On peut parcourir le pont du Gard d'un bout à l'autre, en gravissant l'escarpement qui borde la rive droite du Gardon, pour gagner l'extrémité méridionale de l'aqueduc, à l'endroit où il se perd dans les montagnes.

Vers le commencement du dix-septième siècle, on avait voulu faire servir le pont du Gard au passage des voitures, et, pour cet effet, on avait rehaussé les piles du second pont pour y pratiquer des encorbellements qui furent munis d'un garde-fou; mais on reconnut bientôt que la ruine du monument pourrait s'ensuivre. L'intendant de Baville le fit réparer, et ne laissa exister qu'une simple voie pour les gens de pied et les voyageurs à cheval. Un pont pour les voitures étant devenu de plus en plus nécessaire, à cause des fréquentes crues du Gardon, qui ne permettent pas de le traverser, même en bac, en plusieurs temps de l'année, les états de la province prirent la résolution d'adosser un pont au premier : la première pierre en fut posée le 18 juin 1743, et le pont fut achevé en 1747.

De Lafoux on est peu éloigné de Beaucaire, localité très-curieuse à visiter à l'époque où se tient la foire célèbre de ce nom. Cette foire se tient tant dans l'intérieur de la ville que sous des tentes construites dans une vaste prairie bordée d'ormes et de platanes qui s'étendent le long du Rhône. Rivale de celles de Francfort, de Leipzig, de Novi, de Taganrok, etc., elle s'ouvre le 1er juillet et ferme le 28, mais elle ne commence guère à s'animer que vers le 15. A cette époque, Beaucaire quitte son immobilité silencieuse, son triste vêtement de ville de province; tous les bateaux chargés qui viennent du Nord, du Midi et de l'Ouest, jettent leurs amarres le long des quais. Les marchandises roulent sur le port, circulent dans les rues, s'empilent dans les magasins. Vers le 20, acheteurs et vendeurs sont en présence. Bientôt, dans cet espace où dix mille personnes sont à l'étroit en temps ordinaire, se groupe et se foule une population de deux et quelquefois de trois cent mille négociants français, grecs, arméniens, turcs, égyptiens, arabes, italiens, espagnols et autres, qui viennent pour y vendre ou pour y acheter les produits de l'industrie de toutes les nations. Il n'y a point de marchandise, quelque rare qu'elle soit, qu'on ne puisse y trouver. Aussi, malgré le peu de temps que dure la foire, s'y fait-il un commerce dont le chiffre s'élève à plusieurs millions. Pendant les quinze derniers jours, la ville de Beaucaire offre un aspect fort curieux : un fleuve majestueux, couvert de bâtiments de toutes les nations; un pont suspendu de la plus grande dimension, toujours couvert de voitures, de charrettes et de piétons; des marchandises des quatre parties du monde amoncelées sur tous les points; des charlatans de toute espèce, des albinos, des automates, des chiens savants, des géants, des ménageries, des spectacles en plein air, attirent tour à tour l'immense population qui se heurte et se coudoie, au milieu de deux lignes de beaux arbres parallèles au Rhône : c'est un bruit, une confusion, une poussière! les grosses caisses, les hautbois, les tambourins, les cymbales des saltimbanques, se mêlent aux voix des charlatans; le jargon provençal se confond avec le patois languedocien ; le Corso, le Génois, l'Espagnol, le Grec, le Barbaresque, y croisent leurs idiomes. Oh! c'est une chose bien curieuse que la foire de Beaucaire!...

AVIGNON.

Avignon, que Pline et Pomponius Mella placent au nombre des cités de la Gaule Narbonnaise, était la capitale des *Cavares*. Après la chute de l'empire romain, elle passa successivement sous la domination des Goths, des Bourguignons et des rois d'Austrasie. Les Sarrasins s'en emparèrent en 730, et en furent chassés peu après par Charles Martel. Sous les Carlovingiens, elle fit partie du royaume d'Arles. Lorsque, au douzième siècle, éclata le réveil des communes du Midi, Avignon se déclara république impériale, et souffrit des guerres cruelles pour maintenir sa liberté. Elle élisait ses magistrats, avait un trésor, une milice, et jouissait du droit de battre monnaie, de conclure des alliances et des traités de commerce. — A l'exemple des comtes de Toulouse, Avignon embrassa la cause des Albigeois. Louis VIII prit cette ville en 1226, après un siége de trois mois, où il perdit 22,000 hommes; il l'obligea de détruire ses palais, ses fortifications, ses remparts et 300 maisons; mais il ne changea rien à la forme de son gouvernement. Affaiblie par ces revers, Avignon rentra, en 1251, sous la domination des comtes, qui ne laissèrent aux habitants qu'une ombre de liberté. Alphonse, comte de Toulouse, étant mort, le roi Philippe le Hardi, son neveu, hérita du comtat Venaissin, qu'il donna au Saint-Siége, et de la moitié d'Avignon, que Philippe le Bel, son successeur, céda à Charles II, roi de Naples, qui, en sa qualité de comte de Provence, possédait l'autre moitié. Par là les comtes de Provence furent les seuls maîtres de cette ville, qu'ils gardèrent jusqu'à la vente que la reine Jeanne de Naples en fit au pape Clément VI, en l'année 1348, moyennant la somme de 80,000 florins d'or. Cette somme n'ayant jamais été payée, Jeanne protesta contre cette vente par cinq édits de 1350, 1365 et 1368, et finit toutefois par succomber dans la lutte.

Les successeurs de Clément VI possédèrent Avignon sans interruption jusqu'en 1663, époque où Louis XIV s'en empara pour venger l'insulte faite à Rome à l'ambassadeur de France; la ville fut rendue définitivement au pape en 1690. Dès l'année 1309, le pape Clément V avait transféré à Avignon la résidence du Saint-Siége; elle y resta fixée jusqu'en 1377, époque où le pape Grégoire XI la reporta à Rome. Après la mort de Grégoire, les cardinaux français élurent successivement deux papes en opposition au pontife romain : ces papes résidèrent à Avignon jusqu'en 1408. Les Français alors, fatigués du schisme, chassèrent d'Avignon le dernier pape Benoit XIII. Depuis ce temps, les papes gouvernèrent la ville par des légats jusqu'en 1790, époque où la ville d'Avignon et le comtat Venaissin furent définitivement réunis à la France.

Le séjour des papes contribua beaucoup à l'agrandissement et à l'embellissement d'Avignon. Cette ville se peupla surtout de moines, de nonnes et de pénitents de toutes les couleurs : la moitié de sa surface se couvrit d'établissements religieux. Avant 1789 on y comptait huit collégiales, vingt-cinq couvents, dix hôpitaux ou maisons de charité, sept confréries de pénitents, trois séminaires, une commanderie de l'ordre de Malte, et soixante églises.

La situation d'Avignon, sur la rive gauche du Rhône, est des plus agréables. La ville est traversée par une branche de la Sorgue et par un canal dérivé de la Durance, sur lesquels sont établies de nombreuses usines. Sur l'autre rive du fleuve, que l'on traverse sur un pont suspendu d'une grande étendue, s'élève un coteau que couronnent Villeneuve et la forteresse Saint-André. La forme de la ville est une ellipse régulière d'une surface légèrement onduleuse : à l'extrémité se dresse le roc des Doms, coupé à pic vers le Rhône, et élevé de 59 mètres au-dessus du fleuve. La ville est généralement bien bâtie. Les quais qui bordent le Rhône sont magnifiques, les remparts, construits en belles pierres de taille, bordés de créneaux, flanqués de tours carrées de distance en distance et percés de belles portes, sont les plus beaux et les mieux conservés qui existent dans tout le midi de la France. Ces murs sont entourés eux-mêmes d'élégants boulevards, rendez-vous des oisifs et des étrangers, qui viennent y jouir des beautés d'un paysage pittoresque; du haut de leur plate-forme, on jouit d'une vue agréable sur la ville et sur les riantes campagnes qui l'entourent.

Sur le Rhône, on voit les restes de l'ancien pont en pierre qui unissait autrefois Avignon à Villeneuve, dont l'inondation de 1669 occasionna la destruction. Quatre arches seulement ont résisté aux efforts du fleuve et du temps; sur la deuxième s'élève une petite chapelle, où fut enterré saint Benezet.

Sur le rocher des Doms, berceau de l'antique cité avignonnaise, s'élève l'église métropolitaine, dédiée à Notre-Dame: on y monte de la ville par des rampes et par un long escalier. L'église Notre-Dame-des-Doms a été construite, dans les premiers siècles du christianisme, sur les débris d'un temple païen. La tradition rapporte qu'elle fut détruite par les Maures, et rebâtie par Charlemagne vers le milieu du huitième siècle. Cette église a subi de si nombreuses modifications et reconstructions, qu'il est difficile de reconnaître sa forme primitive. La porte extérieure se compose d'une arcade en plein cintre, entre deux colonnes cannelées soutenant un fronton triangulaire. L'intérieur du monument a la forme d'une basilique romaine. La nef est entourée d'une tribune présentant une frise surmontée d'une balustrade sculptée à jour et soutenue par des culs-de-lampe variés. La voûte est ogivale en berceau; mais les fenêtres et les arceaux intérieurs et extérieurs sont en plein cintre. — La chapelle de la Résurrection, que fit bâtir l'archevêque Libelli, en 1680, est un chef-d'œuvre de sculpture; elle est ornée d'une belle Vierge de Pradier. — Les papes officiaient dans cette église: Innocent VI, Urbain V, Grégoire XI, y ont été sacrés. Elle renfermait autrefois le tombeau de Benoît XII, celui des archevêques, de plusieurs cardinaux, et un grand nombre d'épitaphes. A droite du sanctuaire est le mausolée de Jean XII, gracieux monument sculpté par l'art merveilleux du quinzième siècle: mutilé par la main des hommes et par les ravages du temps, il a été restauré récemment.

Le palais des Papes, bâti sur le penchant méridional du rocher des Doms, commencé par Jean XXII, a été continué par ses successeurs, qui résidèrent à Avignon dans le quatorzième siècle. Jean XXII ensevelit dans son enceinte l'ancienne église de Saint-Étienne et le palais épiscopal; Benoît XII démolit à peu près les travaux de son prédécesseur, et éleva la partie septentrionale; Clément VI construisit la façade actuelle et la grande chapelle basse qui servit d'arsenal; Innocent VI fit construire la grande chapelle haute et tout le corps de logis de la partie méridionale; la partie orientale fut élevée par Urbain V. La grandeur de cet édifice, son élévation, sa majesté imposante, ses tours, l'épaisseur de ses murs, ses créneaux, ses ogives, cette architecture sans suite, sans régularité, sans symétrie, étonnent le spectateur. — Ce château, dont la plus grande partie date de la première moitié du quatorzième siècle, peut être considéré comme un modèle de l'architecture militaire à cette époque. On est frappé de la rusticité de sa construction, de l'irrégularité choquante de toutes ses parties, irrégularité qui n'est motivée ni par la disposition du terrain ni par des avantages matériels. Ainsi, les tours ne sont pas carrées, les fenêtres n'observent aucun alignement; on ne rencontre pas un seul angle droit, et la communication d'un corps de logis à un autre n'a lieu qu'au moyen de circuits sans nombre. Les machicoulis des courtines ont ici une forme singulière : ce ne sont point, comme d'ordinaire, des créneaux en saillie ouverts en dessous et soutenus par des consoles rapprochées. Qu'on se représente une immense arcature ogivale derrière laquelle s'élève un mur en retraite de 60 centimètres environ, auquel les piliers des arcades servent de contre-forts. L'intervalle entre une arcade et la muraille est un machicoulis; au lieu de pierres et de traits, on pouvait jeter par là des poutres énormes qui, tombant horizontalement, devaient balayer dix échelles à la fois, ou bien écraser d'un seul coup une rangée de mineurs. — Du côté du nord, l'angle des bâtiments est couronné par la tour Saint-Jean, dépouillée de sa corniche, et dont Jean XXII fit, dit-on, sa demeure : elle sert aujourd'hui de prison. Derrière cette masse, un rempart formidable liait la citadelle aux murs de la cathédrale. Enfin, la tour de Trouillas s'élève avec orgueil, montrant son sommet mutilé. A l'est, la façade, d'une grande étendue, touche d'un côté au quartier Saint-Symphorien, et de l'autre aux escaliers de Sainte-Anne. Au midi, un étroit défilé, creusé dans le roc vif, oblige à raser les murs de l'édifice. Enfin, à l'ouest, le château se revêt entièrement de son appareil militaire : entrées souterraines, herses, voûtes, etc.; mais il présente en même temps tout le luxe architectural de l'époque : tourelles gothiques ornées de sculptures et de broderies, balcon crénelé, grandes ouvertures ogivales, etc. — Le palais des Papes, c'est le moyen âge tout entier, c'est le quinzième siècle avec ses révolutions religieuses, ses argumentations armées, son église mili-

AVIGNON.

tante : art, luxe, agrément, tout est sacrifié à la défense. Si vous entrez dans la cour, vous trouvez l'intérieur du palais aussi terriblement cuirassé que l'extérieur. Là, tout est prévu pour une surprise qui livrerait les portes; de tous côtés des tours dominent le préau, et des meurtrières le menacent. C'est, pour l'assaillant qui est venu là et qui se croit vainqueur, tout un siége à recommencer. Puis, ce second siége achevé avec autant de bonheur que le premier, reste une dernière tour sombre, isolée, gigantesque, où le pape que l'on assiége et poursuit a choisi sa dernière retraite. Cette tour forcée comme les autres, l'escalier qui conduit aux appartements pontificaux s'enfonce et se perd tout à coup dans une muraille; et, tandis que les derniers défenseurs de la forteresse écrasent les assiégeants d'un palier supérieur, le souverain pontife gagne un souterrain, dont les portes de fer s'ouvrent devant lui et se referment derrière lui : ce souterrain conduit à une poterne masquée qui donne sur le Rhône, où une barque attend le fugitif. — C'est dans ce château que se renferma l'antipape Benoît XIII; il s'y défendit pendant plusieurs mois contre les troupes commandées par le maréchal de Boucicaut, pointant lui-même du haut de ses murailles, sur la ville, ses machines de guerre, avec lesquelles il ruina plus de cent maisons et tua quatre mille Avignonnais; enfin le château fut emporté de vive force, les ouvrages intérieurs furent pris d'assaut, mais l'antipape se réfugia dans la tour, et, au moment où les troupes françaises en enfonçaient les portes et se précipitaient sur l'escalier trompeur dont nous avons parlé, il fuyait par le souterrain, sortait de la ville par la poterne, et gagnait l'Espagne.

Après l'église Notre-Dame et le palais des Papes, les édifices qui méritent le plus de fixer l'attention sont l'église Saint-Agricol, qui renferme le tombeau de Mignard; l'église Saint-Pierre, édifice du commencement du seizième siècle, dont les portes offrent de riches sculptures en bois; l'église Saint-Martial et l'Hôtel de Ville.

Avignon possède une riche bibliothèque publique, un musée dû à la munificence du docteur Calvet, un jardin de botanique et un mont-de-piété où l'on prête à quatre pour cent, c'est-à-dire environ deux tiers de moins qu'au Mont-de-Piété de Paris.

ORANGE.

Orange, au rapport de Ptolémée, fut une des quatre villes du peuple *cavare* que les Romains conservèrent pendant plusieurs siècles, et où ils élevèrent de magnifiques monuments. Elle était environnée de remparts, de trois milles de tours, avait un théâtre, un cirque, un champ de Mars, un capitole, des bains, un arc de triomphe, etc., etc., etc. Saccagée par Vincingetorix, par Chrochus, roi des Allemands, par les Goths, débordant en Italie et en Espagne, par les Sarrasins, par le comte de Beaufort, par les calvinistes, et enfin mutilée par Louis XIV, cette ville a vu s'effacer graduellement la plupart de ses monuments. Son capitole renversé fut compris dans la forteresse bâtie au moyen âge; ses bains se sont ruinés, ses arènes se sont nivelées au sol. Presque tout est détruit ou confondu sous la couche de décombres qui porte la nouvelle ville. Il n'y a de vivant que le théâtre, l'arc triomphal et quelques lambeaux de ses remparts.

Le théâtre, vulgairement appelé cirque, a son enceinte adossée à la montagne. Il était jadis entouré de plusieurs rangs de voûtes, soutenant quatorze gradins qui plongeaient dans une vaste scène de 65 mètres de largeur sur 12 mètres de profondeur; au fond, en face, était le *proscenium* richement décoré de statues, mosaïques, colonnes corinthiennes, toutes violemment détachées de

THÉÂTRE D'ORANGE.

leur place (une colonne exceptée), et gisant çà et là dans les décombres, ou transportées dans les cabinets des archéologues. — A droite et à gauche de la scène étaient les bâtiments latéraux (*episcenia*) destinés à préparer les jeux, à loger les acteurs et à mettre les spectateurs à l'abri de la pluie. — Toutes ces divisions intérieures existent encore, mais nues, sans ornements, mutilées et défigurées en plusieurs points, de temps immémorial envahies par les maisons mesquines et sales d'une population pauvre, et, depuis quelques années seulement, débarrassées par les soins du gouvernement de ces hôtes incommodes, mais qui jadis préservèrent le monument d'une entière destruction.— La façade septentrionale (forum selon les uns, naumachie selon d'autres) commande l'admiration par les proportions gigantesques de son rectangle (35 mètres de haut pour 148 mètres de long). — Cinq grandes lignes d'architecture décorent sans prétention ce vaste mur; chacune est caractérisée par une corniche fort simple. — Au rez-de-chaussée est une grande porte au milieu et neuf arceaux de chaque côté, tous séparés par des pilastres doriques; ceux de la porte d'entrée sont corinthiens avec des chapiteaux de marbre blanc. — La troisième ligne consiste en vingt et un arceaux postiches, tracés au ciseau dans le mur. — Une double rangée correspondante de grandes pierres carrées, saillantes, percées de trous coniques, se voit à la quatrième et à la cinquième ligne. Ces pierres étaient, pour la plupart, destinées à soutenir les mâts auxquels s'attachaient les tentes qui, sur le côté opposé, mettaient les spectateurs à l'abri du soleil. — Au sommet de la deuxième ligne, à la place de la corniche, existe une rainure servant à fixer au mur une vaste toiture supportée sans doute en avant par des colonnes. Là était le forum. — A la droite de la façade septentrionale est l'entrée du cirque.

Le théâtre d'Orange a été récemment restauré et débarrassé entièrement des constructions étrangères qui le déparaient.

L'ARC DE TRIOMPHE, appelé vulgairement tour de l'Arc et Arc de Marius, est placé à l'entrée nord de la ville d'Orange sur la grande route. Il est haut de 19 mètres 50 centimètres, long de 9 mètres 50 centimètres, large de 8 mètres 50 centimètres, et formé de trois arcades dont les deux latérales sont plus petites, séparées par quatre colonnes corinthiennes cannelées. On voit, au double côté de sa large façade, sur la frise et au-dessus du grand stylobate, des gladia-

teurs, des boucliers avec inscriptions effacées ou inintellig
d'armes, des instruments de marine et des ustensiles religie
ton augural, la patére, le cympulum, le præfericulum et l'
avec le plus grand art sur la pierre. — Sur la face latérale
de l'occidentale est à peu près effacé), soutenue par quatre col
nes, sont des captifs d'un si beau travail, que la douleur et la
incessamment s'échapper de leur physionomie et de leur hum
Plus haut se trouvent des faisceaux d'armes, des gladiateurs, u
bus entourée de rayons et d'un cadre étoilé, et des sirènes. —
bate est nu. — Sur le grand stylobate de la large façade est écr
tés en relief l'histoire de quelque bataille à la mêlée meurtrière,
chevaux, aux plaintes des blessés, sur la poitrine desquels la Vi
pied sanglant.

La tradition la plus reculée rapporte la construction de cet arc
Marius. Letbert, abbé de Saint-Ruf, à Avignon, en attribue la fon
César; des savants du dix-septième siècle croient qu'elle est due à D
bardus, à Fabius Maximus, à Sextius, etc. M. Aubenas, résumant c
tèmes, en conclut que, d'après toutes les probabilités, les arcs d'Ora
pentras et de Cavaillon, ont été construits par Domitius Anobardus
qui suivit la victoire remportée par lui à Vindalium.

BOUCHES-DU-RHÔNE.

ENTRÉE DU PORT DE MARSEILLE

MARSEILLE.

Marseille est regardée comme la plus ancienne ville des Gaules. On attribue son origine à une colonie de Phocéens, 600 ans avant Jésus-Christ. — Jules César assiégea cette ville, qui avait pris parti pour Pompée, et le siége, consigné dans les Commentaires, est un des plus fameux de l'antiquité. — Les Sarrasins la ruinèrent en 473; soumise par Clotaire, elle devint ensuite une souveraineté particulière. En 1214, elle secoua le joug et redevint république; mais elle ne jouit de cette liberté que jusqu'en 1251, époque où elle fut subjuguée par les comtes de Provence. Louis XII la réunit à la couronne en 1482.

La ville de Marseille est située au fond d'un golfe couvert et défendu par plusieurs îles, sur le penchant et au pied d'une colline placée entre la mer et une chaîne demi-circulaire de montagnes qui renferme un riche bassin. Elle se divise naturellement en vieille et en nouvelle ville. — L'ancienne ville, celle qu'habitaient les premiers Marseillais, couvre une surface très-inégale; elle a pour limites : le port, dont elle occupe un des côtés, la Cannebière, le Cours et la rue d'Aix. On trouve, dans cette partie de Marseille, des places assez vastes et régulières. L'esplanade de la Tourrette offre une belle promenade, d'où l'on jouit, dans les belles soirées d'été, d'un point de vue des plus étendus; le boulevard des Dames est aussi une promenade fort agréable. Partout on voit des fontaines et des eaux courantes. — La nouvelle ville s'étend sur l'autre côté, dans le prolongement du port, et s'appuie au mamelon qui porte le fort de la Garde; elle est divisée, du nord au midi, par la longue et magnifique rue qui, de la porte d'Aix, vient aboutir en ligne droite jusqu'à la place Castellane. Peu de cités présentent une plus riche perspective que celle dont on jouit en venant de la porte d'Aix : on parcourt un espace de 2 kilomètres de longueur entre deux rangées de belles maisons dont l'élévation est en proportion avec la largeur de la rue. De quelque côté qu'on se dirige, on parcourt des rues larges, tirées au cordeau, bordées de trottoirs et ornées de superbes maisons; la plus belle de toutes les rues est sans contredit celle de Cannebière; c'est à la fois une rue superbe, un bazar et une promenade, point central de toute la ligne de communication entre le port et le grand Cours, et de jonction entre la vieille et la nouvelle ville. Le quartier du canal, enfermé dans une île entourée de canaux tirés du port, est un carré long, composé de quatre rues qui se croisent et forment dans le milieu une place dont les maisons sont fort belles. Toutes les places sont régulières et bien décorées; les principales sont : la place Nationale, celles de Saint-Féréol, Monthion, du Grand-Théâtre, de la Porte de Rome. En général on est frappé, dans cette partie de Marseille, de la grandeur et de l'alignement des rues, de l'élégance et de la régularité des maisons, de la variété et de l'agrément des promenades; mais on n'y voit pas de grands édifices ni de monuments remarquables.

Les deux villes sont séparées par une belle rue ou promenade appelée le Cours, qui joint par ses deux extrémités les rues d'Aix et de Rome, et qui offre une admirable perspective. Ce Cours est bordé de deux rangs d'arbres, de maisons élégamment construites, et orné de bassins et de fontaines; sa position au centre de la ville, les hôtels et les cafés dont il est environné, en font le rendez-vous des étrangers et des habitants de toutes les classes.

Le port de Marseille est magnifique; il a la figure d'un parallélogramme de 940 mètres de longueur, sur 300 mètres de largeur, et 282,000 mètres de superficie; son ouverture est étroite et recourbée vers le nord, ce qui en rend l'entrée très-difficile pour les vaisseaux qui viennent de l'est, mais c'est ce qui en fait la sûreté; à cet égard aucun port ne peut lui être comparé, et jamais la tempête n'y a causé le plus petit accident. Un phare, placé dans l'île Planier, éclaire la marche des vaisseaux durant la nuit.

L'église de la Major passe pour la plus ancienne de Marseille; la tradition rapporte qu'elle a été élevée sur les ruines d'un temple de Diane.

Hôtel de ville. C'est un édifice d'un style lourd, composé de deux parties séparées par une rue, et communiquant par un pont élégant et léger placé à la hauteur du premier étage. La façade donne sur un des quais; elle est ornée de bas-reliefs, de sculptures et d'un écusson aux armes de France, de la main du Puget, placé au dessus de la grande porte. On remarque le grand escalier, où se trouve la statue de Libertat, et la salle du conseil, décorée de plusieurs bons tableaux.

L'hôtel de la préfecture est le plus bel édifice de Marseille. Il occupe le fond d'une vaste cour, formée par deux ailes en retour, surmontées de terrasses.

Grand théâtre. Construit à l'instar de l'Odéon de Paris, il fut inauguré en 1787. C'est un bel et grand édifice isolé, dont la façade se déploie sur une place assez spacieuse. Le péristyle est à six colonnes élevées sur sept marches.

Fontaines publiques. Elles sont très-nombreuses, surtout dans la ville vieille : c'est un bienfait pour cette partie de Marseille, où la population surabonde: mais c'est dans la nouvelle ville que se trouvent les fontaines dignes d'être citées. — On remarque surtout la fontaine de la porte Paradis, élevée en 1820 à la mémoire des Marseillais qui se dévouèrent au salut de leurs concitoyens pendant la peste de 1720. — La fontaine de la rue d'Aubagne, élevée en 1803, est dédiée à Homère par les descendants des Phocéens. — La fontaine du château d'eau décore dignement la plus belle place de Marseille. — La fontaine de la place des Fainéants offre un bel obélisque de 6 mètres 33 centimètres, porté par quatre lions en marbre blanc. — La fontaine du Puget n'a de remarquable que le nom qu'elle porte, et dont elle est peu digne : c'est une petite pyramide qui porte le buste de Puget, et qui est située devant la maison construite et habitée ordinairement par ce grand artiste.

Observatoire. C'est un des beaux établissements dont peut se glorifier Marseille. Du haut de la plate-forme du bâtiment, situé au point culminant de la ville, on jouit d'une vue magnifique sur Marseille, la campagne et la mer.

Bibliothèque publique. Elle occupe une partie des bâtiments de l'ancien couvent des Bernardines, au premier étage de l'aile située du nord au sud; on y entre par le boulevard et en traversant la salle des Pas-Perdus du musée. Le nombre des volumes imprimés est d'environ 49,000, et celui des manuscrits, de 1,500.

Musée des tableaux. Il occupe la nef et les deux galeries principales de l'église du couvent des Bernardines. On y compte 141 tableaux de différents maitres, dont 89 de l'école française, et le reste des écoles flamande et italienne.

Cabinet des médailles et des antiques. Ce cabinet occupe la salle qui précède celle du musée des tableaux. La collection des médailles est l'une des plus complètes que l'on puisse trouver en médailles des rois de la Grèce, du Bas-Empire, de la grande Grèce, des as et médailles consulaires et des colonies.

Muséum d'histoire naturelle. Il est placé au-dessus de la salle de la bibliothèque. Ce muséum contient une belle collection de coquilles, de minéraux et de fossiles.

GIRONDE

BANEAUX

BORDEAUX.

L'époque de la fondation de Bordeaux se perd dans la nuit des siècles. Lors de l'invasion des Gaules par César, c'était déjà une cité importante, qui, grâce à son heureuse situation, devint, sous les Romains, la métropole de la seconde Aquitaine. Ces conquérants la firent entièrement démolir pour la reconstruire (l'an 260 de notre ère) d'après les dessins et l'architecture des cités d'Italie, et l'embellirent de plusieurs beaux édifices. C'est dans cet état qu'Ausone en a laissé une description dont on reconnaît encore de nos jours l'exactitude.

La splendeur antique de Bordeaux disparut avec la présence et par l'invasion des barbares, qui pillèrent la ville et abattirent la plupart des édifices. Vers 911, les ducs de Gascogne, étant devenus les heureux possesseurs de cette ville, la firent rebâtir, mais dans le goût barbare de leur temps, et y appelèrent de nouveaux habitants. — En 1132, Bordeaux passa sous la domination anglaise par le mariage d'Éléonore de Guienne avec Henri, duc de Normandie, depuis roi d'Angleterre. Charles VII, après avoir chassé les Anglais de la Normandie, voulut aussi leur enlever la Guienne. En 1451, Dunois prit possession de Bordeaux, qui se révolta l'année suivante et ouvrit ses portes aux Anglais; mais bientôt les Bordelais furent contraints de se rendre à discrétion, payèrent une amende de cent mille marcs d'argent, et perdirent tous leurs priviléges. — En 1548, à la suite d'une émeute occasionnée par l'établissement de l'impôt du sel, les habitants de Bordeaux s'emparèrent de l'hôtel de ville, mirent en fuite les magistrats, et massacrèrent le lieutenant du gouverneur, Tristan de Monneins, ainsi que quelques commis de la gabelle. Henri II, pour punir les habitants de cette révolte, envoya contre eux le connétable Anne de Montmorency, qui, bien que la ville n'opposât aucune résistance, fit pointer le canon sur ses murs et y entra par la brèche comme dans une ville prise d'assaut. Une contribution de 200,000 livres fut imposée aux habitants, qui furent privés de tous leurs priviléges, du droit d'élire leurs magistrats, de faire des assemblées de ville, etc., etc. Toutefois, cette punition ne paraît pas encore suffisante au duc de Montmorency; il avait amené avec lui des juges, qui, après avoir fait le procès à la ville, condamnèrent, de dix en dix maisons, un Bordelais à être pendu, et la plupart des officiers municipaux à être suppliciés sur la place publique. Il y en eut de brûlés, de rompus vifs, de pendus aux battants des cloches qu'ils avaient sonnées. Après avoir exercé ces actes de barbarie sur les malheureux habitants de Bordeaux, le connétable de Montmorency se déshonora par un trait de férocité qui a couvert à jamais son nom d'ignominie. Un des jurats de Bordeaux, nommé Lestonat, ayant été condamné à perdre la vie en vertu des jugements précités, la femme de ce magistrat vint se jeter aux pieds du connétable pour lui demander la grâce de son mari. Elle était d'une beauté rare. Montmorency en fut frappé, et lui fit entendre que la grâce qu'elle sollicitait dépendait du sacrifice de son honneur; condition à laquelle cette femme eut l'héroïsme ou la faiblesse de consentir. Après avoir passé la nuit avec elle, le connétable ouvrit une des fenêtres de son appartement, et le premier objet qui frappa les yeux de cette malheureuse femme fut une potence à laquelle était suspendu le corps de son mari [1]. — Une telle situation eut cependant un terme. Les Bordelais, poussés à bout, firent entendre au roi leurs réclamations, et leurs voix furent enfin écoutées. Montmorency fut rappelé, le parlement fut réintégré, on remit à la ville une partie de l'amende, et la plupart de ses priviléges lui furent restitués.

En 1625, une insurrection éclata à Bordeaux au sujet d'un édit du roi qui établissait un nouvel impôt d'un écu par tonneau de vin sur les cabaretiers. En 1675, une nouvelle révolte éclata dans cette ville à l'occasion de l'établissement de

---

[1] *Histoire de Bordeaux*, par Dom de Vienne.

l'impôt du papier timbré et de la marque d'étain ; cette sédition fut réprimée par le maréchal d'Albret, qui, pour punir les habitants, les contraignit de loger à discrétion, pendant six mois, dix-huit régiments d'infanterie et quatre régiments de cavalerie.

En 1787, le parlement de Bordeaux ayant refusé d'enregistrer les édits bursaux, fut transféré à Libourne, où il resta pendant quatre mois. — En 1793, Bordeaux subit le joug de la Montagne : Tallien et Isabeau vinrent lui notifier ses décisions, et, pendant dix mois, firent exécuter les ordres du gouvernement révolutionnaire. — En 1814, le maire de Bordeaux, Linch, livra aux Anglais, réunis aux Espagnols et aux Portugais, l'entrée de cette ville, où il fit proclamer les Bourbons. — Lors du retour de Napoléon, la duchesse d'Angoulême, après avoir vainement forcé les troupes en garnison à Bordeaux de prendre les armes pour les Bourbons, fut obligée de quitter cette ville, où s'avançait le général Clausel, pour aller s'embarquer à Pauillac.

La ville de Bordeaux est dans une situation magnifique et très-avantageuse pour le commerce, sur la rive gauche de la Garonne, qui y forme un vaste port. A partir du magasin des vivres de la marine aux chantiers de constructions, c'est-à-dire en suivant la courbure de la Garonne, qui a plus de quatre kilomètres de développement, Bordeaux présente un croissant dont la partie orientale comprend la ville, et la partie occidentale le faubourg des Chartrons, quartier remarquable par son étendue, par la beauté de ses édifices et par la richesse de ses habitants, presque tous adonnés au commerce.—Quand on arrive dans cette ville par eau du côté de Blaye, la largeur excessive de la Garonne, les vaisseaux de tant de pays différents et en aussi grand nombre fixés au port ; les édifices modernes qui s'élèvent sur les quais et forment avec le fleuve un arc parfait, présentent le point de vue le plus varié et le plus admirable.—L'arrivée à Bordeaux par Saint-André de Cubzac et Libourne offre aussi un grand et magnifique spectacle.

Bordeaux se divise en ville ancienne et en quartiers neufs. L'ancienne ville présente quelques rues étroites et tortueuses, des places irrégulières et resserrées, des maisons assez laides, presque toutes cependant en pierre de taille. Les quartiers neufs sont d'une grande magnificence ; plusieurs sont remarquables par leur architecture du moyen âge, et le pittoresque de cette partie de la ville est souvent même de l'effet le plus gracieux. — La rue du Chapeau-Rouge, la plus grande et la plus belle rue de Bordeaux, dont la longueur forme une belle place oblongue depuis le port jusqu'au grand théâtre, s'étend jusqu'à l'extrémité de la ville, qu'elle divise en deux parties égales. Le cours de Tourny et les différents autres cours publics, l'hôtel de la préfecture, la salle de spectacle, la bourse, le palais national, la douane, le palais de justice, le jardin public, et surtout le beau pont sur la Garonne, sont des objets dignes d'admiration qui rivalisent avec les plus beaux en ce genre que possèdent les plus grandes capitales de l'Europe.

Le port embrasse presque toute l'étendue demi-circulaire de la rivière; il est sûr, commode, et offre un coup d'œil imposant par la quantité de vaisseaux de toute grandeur et de toutes les nations qui y sont constamment mouillés; son développement est de 5,700 mètres. En tout temps des navires de 500 à 600 tonneaux peuvent y arriver; ceux d'un tonnage plus élevé sont souvent obligés de laisser une partie de leur cargaison à Blaye ou à Pauillac. La construction du pont, qui a coupé la rade en deux, ne permet plus que les navires aillent mouiller en amont du fleuve; cependant le port peut encore contenir mille à douze cents navires.

La Garonne est bordée de quais larges, sans parapets, qui descendent par une pente douce jusqu'au bord du fleuve, où les barques peuvent en tout temps être déchargées. Le quai des Chartrons est une des plus belles chaussées qui existent en France; il est bordé de maisons qui n'ont entre elles aucune uniformité, mais qui n'en présentent pas moins un ensemble aussi agréable qu'imposant par leur élévation et par la beauté de leur architecture. On en compte près de trois cents, habitées par de riches négociants, ce qui rend ce faubourg l'un des plus beaux et des plus riches de l'Europe. Des chais ou celliers occupent une grande partie des Chartrons; il en est qui contiennent cinq ou six cents et même jusqu'à mille tonneaux de vin.

Bordeaux s'enorgueillit, avec justice, de ses promenades, qui peuvent passer pour les plus belles de l'Europe. Elles se déploient sur une vaste étendue, et forment une enceinte ombragée, large et très-bien entretenue. — Le jardin public, avec sa terrasse, ses carrés de verdure, ses allées et ses massifs d'ombrages, occupe environ neuf hectares de superficie. — Viennent ensuite les cours de Tourny, du jardin public, d'Albret, de Saint-André, de Saint-Louis et d'Aquitaine.

ÉGLISE CATHÉDRALE.

L'église cathédrale, dédiée à saint André, est un bel édifice gothique, qui date, dit-on, du neuvième siècle. Détruite par les Normands, elle fut reconstruite d'abord par les soins d'un pape, et ensuite par les Anglais, qui l'achevèrent dans le treizième siècle. C'est une très-vaste et très-belle basilique, malgré le défaut d'harmonie et de régularité qui dépare sa plus grande et sa plus belle nef, d'une largeur étonnante. La nef du chœur, plus élevée encore, mais d'une moindre largeur, est parfaitement régulière, ainsi que les nefs latérales. L'église a, dans sa longueur, 126 mètres d'une extrémité à l'autre.

Rien n'égale la richesse et le luxe du portail, maintenant étouffé dans une étroite sacristie, et par lequel les rois de France et leurs représentants, les gouverneurs et les archevêques, faisaient jadis leur entrée solennelle. Quatre grandes voussures en retraite entourent le tympan. Les trois plus petites contiennent chacune dix personnages, la plus grande douze. Dans la première sont des anges qui ne présentent aucune particularité remarquable. Dans la seconde, des anges encore portant des encensoirs, des ciboires, des ostensoirs et des bandelettes. Dans la troisième, les quatre personnages du sommet sont des anges ayant des roues sous leurs pieds, emblèmes peut-être de la rapidité avec laquelle ils transmettent les ordres du Seigneur. Les six autres personnages sont des religieux tenant dans les deux mains des objets carrés ressemblant à des reliquaires ou à des livres à fermoirs. Enfin, dans la quatrième, les deux personnages du haut nous ont paru être Salomon et David; ce dernier surtout est reconnaissable à sa harpe. Les autres portent des bandelettes. Le tympan est divisé en trois parties : dans la plus élevée on voit huit anges, dont les deux du milieu portent le soleil et la lune; la seconde représente le jugement dernier. A droite et à gauche du Christ sont deux anges et deux personnages à genoux, attendant, en prières, les paroles de leur juge. Enfin, la scène inférieure est la résurrection des morts. Ce portail paraît être du commencement du treizième siècle, ainsi que le prouveraient au besoin les arcades trilobées qui décorent la partie supérieure, et le style de la sculpture. — Au sud de la nef, et en avant de l'ancien jubé, une porte à ogive romane donne entrée dans les cloîtres. Ils sont assez bien conservés, mais nullement entretenus. Ils remontent évidemment à la fin du treizième siècle.

La façade du midi contient trois divisions principales en largeur et en hauteur. Deux tours quadrilatères flanquent les extrémités, attendant les deux flèches qui devaient les couronner.

Le portail est composé de trois voussures en retraite, reposant sur des niches dont les statues ont été enlevées. A droite et à gauche, deux autres niches sont surmontées de pinacles. De ces trois voussures, deux contiennent chacune dix statues, et la troisième douze. Les personnages de la plus petite sont des anges qui n'offrent rien de particulier. La seconde compense largement la médiocrité de la première. Les vierges folles à gauche et les vierges sages à droite y sont représentées avec leurs attributs ordinaires : la lampe droite et la lampe renversée. Il est facile de reconnaître les douze apôtres dans les personnages de la troisième voussure.

L'abside est formée par trois galeries placées, l'une sur les murs extérieurs et au-dessus des chapelles, l'autre au-dessus du pourtour, et la troisième au-dessus du chœur. De vastes arcs-boutants partent du haut des contre-forts extérieurs, viennent soutenir le sommet du chœur, et correspondent aux piliers intérieurs de l'abside. Chacun d'eux est formé d'une galerie inclinée, ornée, sur une hauteur d'environ deux mètres, de découpures verticales à trèfles et à jour.

La façade du nord offre un singulier mélange de l'architecture de deux époques. La rose et le portail paraissent appartenir au commencement du quinzième siècle, tandis que les galeries qui les séparent sont évidemment du quatorzième. Le portail se compose de trois voussures : la première renferme dix personnages, des anges; la seconde, les douze apôtres; la troisième, Moïse et David au sommet, et douze moines encapuchonnés. Le tympan se divise en trois parties, qui représentent les deux actes principaux de la vie de Jésus-Christ; la Cène occupe la partie inférieure; dans celle du milieu, les douze apôtres assistent à l'Ascension de Jésus-Christ, dont la tête se perd déjà dans les nuages. Enfin, dans la partie supérieure, le Père éternel, entouré de quatre anges, s'apprête à recevoir son divin Fils. Les trois voussures reposent de chaque côté sur trois niches, dans lesquelles on voit des statues de cardinaux d'une grande dimension. Au milieu, et sur le pilier qui partage le portail en deux et supporte le tympan, est placée la statue de Bertrand de Gouth, archevêque de Bordeaux, devenu pape sous le nom de Clément V. — Sur cette façade se trouvent ces deux flèches élancées, d'une hauteur de 80 mètres, qui font de la cathédrale de Bordeaux un des monuments les plus remarquables que nous ait légués le moyen âge.

Une tour, d'un bon style gothique, nommée tour de Peyberland, et séparée de la cathédrale, lui sert de clocher. Elle fut construite, de 1481 à 1530, par les soins et aux dépens de P. Berlaud, archevêque de Bordeaux.

L'ÉGLISE SAINTE-CROIX. On fait remonter l'époque de sa fondation à la moitié du septième siècle. Le portail de cette église est extrêmement curieux, et décoré de figures, de symboles et d'allégories mystiques.

L'ÉGLISE SAINT-MICHEL fut construite en 1660, pendant la domination des Anglais; elle est d'ordre gothique, et d'un style d'architecture plus pur et plus régulier que celui de la cathédrale. Cette église est surtout remarquable par son clocher, qui servait à la fois, par son élévation, de beffroi pour avertir le peuple pendant les guerres civiles, et, par sa solidité, de forteresse pour le garantir.

L'ÉGLISE DE SAINT-SEURIN, d'une construction irrégulière, paraît être antérieure à toutes les autres églises de Bordeaux; elle offre des constructions de différents âges, et possède plusieurs morceaux d'architecture dignes de fixer l'attention des amateurs. On y remarque une crypte ou chapelle souterraine, dédiée à saint Fort, et renfermant son tombeau; elle est composée d'une nef voûtée à plein cintre et de deux bas côtés.

L'église Notre-Dame, une des plus belles et des plus régulières de Bordeaux, fut fondée en 1230, et rebâtie à la moderne en 1701. On y admire la hardiesse, la largeur, l'étendue et l'élévation de sa principale nef, décorée de pilastres d'ordre corinthien; le maître-autel est en marbre blanc; le tabernacle est orné de deux anges de grandeur naturelle et surmonté de groupes d'anges d'un aspect aérien et pittoresque.

L'église des Feuillants, aujourd'hui l'église du Collége, est remarquable par le tombeau, en marbre blanc, de Michel Montaigne, décédé le 15 septembre 1592. Il est étendu sur sa tombe, vêtu d'une cotte de mailles; son casque et ses brassards sont à ses côtés, un livre est à ses pieds.

GIRONDE

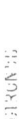

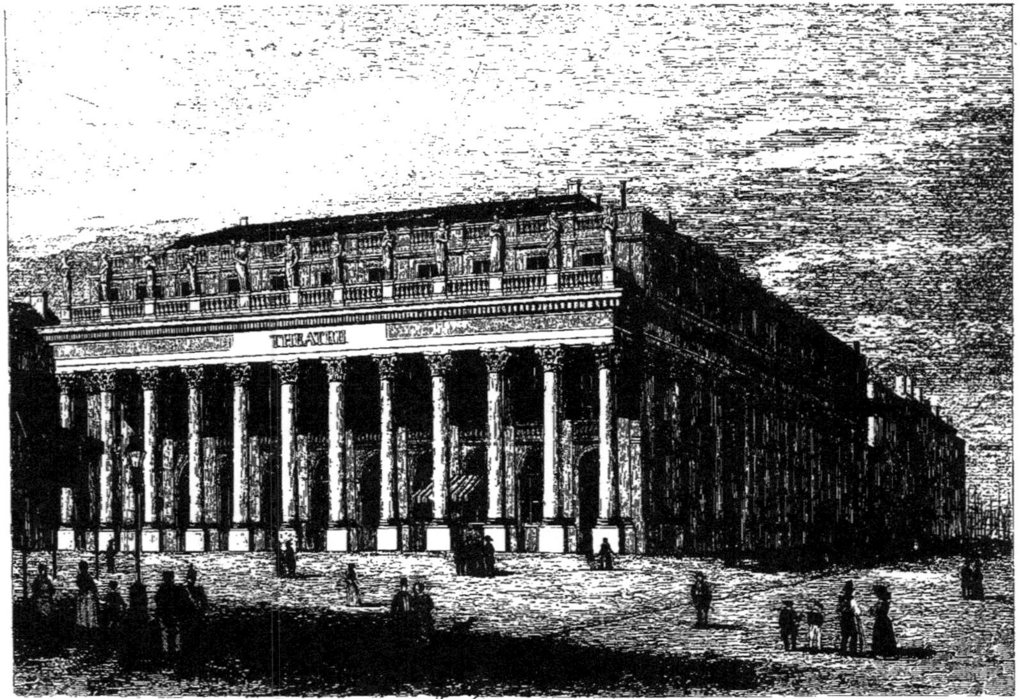

F. A. Pernot, del. Forinster sc.

GRAND THÉÂTRE DE BORDEAUX

Imp. de Mangeon, r. St Jacq. Paris

GRAND-THÉATRE.

Le Grand-Théâtre de Bordeaux a été construit, sous le règne de Louis XVI, par le célèbre architecte Louis, sur l'emplacement du temple antique de Tutelle, détruit en 1677. Il est entièrement isolé, et occupe un des côtés d'une belle place carrée. Le péristyle, en voûte plate, est décoré de douze magnifiques colonnes d'ordre corinthien; la frise, qui est au-dessus, est couronnée d'une balustrade qui porte douze statues répondant à chacune des colonnes. Les trois autres façades sont ornées de pilastres de la même dimension et du même ordre que les colonnes du péristyle. Du portique on passe dans un vestibule majestueux et d'une extrême hardiesse, dont la voûte plate, ornée de belles rosaces, est soutenue par des colonnes cannelées, d'ordre dorique. Dans le fond de cet immense vestibule se développe, à droite et à gauche, un double et vaste escalier, d'une forme noble et hardie, éclairé par la coupole, et non moins riche de sculpture que d'architecture : il conduit à un second vestibule, soutenu par un péristyle de huit colonnes ioniques, d'où le public se distribue dans les diverses parties de la salle. Douze colonnes cannelées, d'ordre composite et du plus grand module, élèvent, dans cette salle, leurs chapiteaux dorés jusqu'au plafond, en séparant en autant de balcons chaque rang de loges. Le théâtre, par son immense étendue, répond parfaitement au grandiose de l'édifice, et ne le cède en grandeur à aucun autre théâtre connu. Au-dessus du vestibule est une belle salle de concert, de forme ovale, distribuée en trois rangs de loges et ornée de belles colonnes cannelées, d'ordre ionique. Un grand foyer d'hiver, une grande galerie d'été ornée des bustes des grands maîtres de la scène française, deux cafés et divers appartements occupent le reste de ce bel édifice, qui fut construit par les soins du duc de Richelieu, et ouvert, le 8 août 1780, par la plus belle de nos tragédies françaises, *Athalie*, qui fut représentée trois jours de suite.

L'HÔTEL DE VILLE, ancienne résidence des archevêques de Bordeaux, a souvent changé de destination. Devenu palais de justice en 1791, hôtel de préfecture en 1803, château royal en 1815, cet édifice a été converti en hôtel de ville en 1836. Le plan est un vaste quadrilatère borné par les rues de Rohan et de Montbazon, par une portion des allées d'Albret et par la place de la Cathédrale. La porte d'entrée s'ouvre sur cette place, entre deux péristyles uniformes, d'une noble architecture. Une vaste cour, ayant à droite et à gauche deux bâtiments parallèles, conduit à un perron, d'où l'on entre dans l'intérieur du palais. Les appartements sont distribués avec beaucoup de goût et décorés avec luxe. Un vaste et beau jardin, fermé par une superbe grille, s'étend sur le côté opposé à la façade, en face des allées d'Albret.

BOURSE. La Bourse de Bordeaux est un vaste édifice, parallèle à l'hôtel des douanes. L'escalier principal, décoré de belles peintures, offre un aspect imposant. Au premier étage sont les salles du conseil et du tribunal de commerce, et de vastes salles, destinées aux ventes publiques, éclairées et chauffées pendant l'hiver. Au centre de l'édifice est une vaste salle, décorée d'un double rang d'arcades couronné par un entablement; un balcon règne dans tout le pourtour au niveau du premier étage.

BIBLIOTHÈQUE PUBLIQUE. Cette bibliothèque doit sa fondation à M. J.-J. Bel, membre de l'Académie de Bordeaux, qui légua à cette compagnie, en 1738, son hôtel et sa bibliothèque, à condition qu'elle serait publique. Depuis lors elle s'est considérablement accrue des dons de MM. Cardoz, Barbot, Beaujon, de la réunion de plusieurs bibliothèques de couvents supprimés à l'époque de notre première révolution, et de plusieurs ouvrages de prix donnés par le gouvernement. On y compte aujourd'hui environ 128,000 volumes.

BORDEAUX.

CABINET D'HISTOIRE NATURELLE. Il occupe le même local que la bibliothèque. La conchyliologie est la partie la plus complète de cette collection.

PALAIS GALLIEN. Quoique Bordeaux ait été l'une des cités les plus considérables des Gaules sous les Romains, il n'y reste que de faibles vestiges de leur puissance. Le cirque, appelé improprement palais Gallien, qui était encore presque intact en 1792, est sur le point d'être entièrement détruit, et cependant le peu qu'il en reste excite un puissant intérêt. L'arène proprement dite, qui était de forme elliptique et de 77 mètres sur 55, n'offre plus que six enceintes, obstruées par des constructions particulières.

PONT DE BORDEAUX. Il est composé de dix-sept arches en maçonnerie de pierre de taille et de brique, reposant sur seize piles et deux culées en pierre. Les sept arches du milieu sont d'égale dimension et ont 26 mètres 49 centimètres de diamètre. L'ouverture de la première et de la dernière arche est de 20 mètres 84 centimètres; les autres sont de dimensions intermédiaires et décroissantes. Les voûtes ont la forme d'arcs de cercle dont la flèche est égale au tiers de la corde. L'épaisseur des piles est de 4 mètres 20 centimètres; elles sont élevées à une hauteur égale au-dessus des naissances, et couronnées d'un cordon et d'un chaperon. Elles se raccordent avec la douelle des voûtes au moyen d'une voussure qui donne plus de grâce et de légèreté à l'ensemble du monument, en même temps qu'elle facilite l'écoulement des eaux et des corps flottants. La pierre et la brique sont distribuées sous les voûtes de manière à simuler l'appareil des caissons d'architecture au moyen de chaînes transversales et longitudinales. Dans l'élévation géométrale, les voussoirs en pierre sont extradossés sur le dessin d'une archivolte. Le tympan, ou l'intervalle entre deux arches, est orné du chiffre royal entouré d'une couronne de chêne, et sculpté sur un fond de briques. Au-dessus des arches règne une corniche à modillons d'un style sévère. Deux pavillons, décorés de portiques avec colonnes d'ordre dorique, sont élevés à chaque extrémité du pont. Le parapet est de 1 mètre 5 centimètres de hauteur du côté de la chaussée; la largeur de chaque trottoir est de 2 mètres 50 centimètres, et celle de la chaussée de 9 mètres 86 centimètres; la largeur totale du pont est de 14 mètres 86 centimètres. — Une pente légère, partant de la cinquième arche de chaque côté, et descendant vers les rives, facilite le raccordement de la chaussée du pont avec les places et les quais aux abords, et favorise l'écoulement des eaux. La longueur du pont entre les culées est de 486 mètres 68 centimètres. Il a 52 mètres 50 centimètres de plus que le pont de Tours, et 109 mètres 68 centimètres de plus que le pont de Waterloo à Londres. Il a été commencé en 1811 et achevé en 1821.

On remarque encore à Bordeaux : l'hôtel des douanes, édifice parallèle à la Bourse et qui en forme l'heureux pendant; l'entrepôt réel; l'hôtel des monnaies; l'archevêché; la maison Fonfrède; la maison où vécut Montaigne (rue des Minimes); l'hôtel de ville, la tour de l'horloge; la prison du fort du Hà; le collège; le Théâtre-Français; le jeu de paume; les deux temples des protestants; la synagogue; le petit séminaire; les bains publics; les hospices des aliénés, des incurables, de la maternité et des vieillards; l'école de natation; l'entrepôt; les chantiers de construction; le dépôt des bois de la marine; l'abattoir général; la galerie bordelaise; le bazar; le jardin de botanique; les verreries des Chartrons; le magasin des vivres de la marine; la manufacture des tabacs; les fontaines de Saint-Projet, de la Grave et du Poisson salé; le jardin des plantes; la pépinière départementale; le vaste cimetière de la ville, etc., etc. — Deux puits, situés rue de la Rousselle, fournissent des eaux minérales froides, dont il a été fait plusieurs analyses.

COMMERCE. La Garonne, dont la profondeur permet aux plus grands navires de remonter jusqu'à la ville, la Dordogne et les affluents de ces deux rivières, offrent de grandes facilités pour le commerce d'importation et d'exportation. Le commerce est aussi grandement favorisé par le canal du Languedoc, qui procure à Bordeaux une communication avec la Méditerranée. Au moyen de ce canal, Bordeaux est à même d'approvisionner le midi de la France de denrées coloniales à presque aussi bon marché que Marseille. — Bordeaux fait un commerce considérable de blés, farines, grains, vins, eaux-de-vie, esprits, chanvre, lin, résine, goudron, térébenthine, liége, huiles, savon, cuirs, denrées du Midi, comestibles, salaisons, quincaillerie, métaux, étoffes, cotons filés, bois pour la marine, agrès, denrées coloniales. C'est le centre du commerce des eaux-de-vie qui se fabriquent dans l'Armagnac, le Marmande et le pays. Les vins sont une des grandes richesses de Bordeaux. Les plus estimés sont ceux connus sous les noms de Médoc, de Haut-Bryon et des Graves.

SEINE INFÉRIEURE

CATHÉDRALE DE ROUEN.

ROUEN.

Rouen était déjà une ville considérable avant la conquête des Gaules par les Romains, dont elle était connue sous le nom de *Rotomagus*, qu'elle portait encore au dixième siècle. Sous les empereurs, cette ville devint la métropole de la seconde lyonnaise. Rollon, fameux chef normand, s'en empara, la fortifia, et en fit la capitale d'un duché qui lui fut concédé par Charles III. — Rouen fut le séjour des ducs normands, qui y firent leur résidence jusqu'à l'époque où Guillaume le Conquérant s'empara du trône d'Angleterre. Après l'assassinat du jeune duc de Bretagne, Arthur, Philippe-Auguste assiégea et prit cette ville en 1204, et la réunit à la couronne ainsi que toute la province de Normandie.

Rouen est une ville bâtie dans une agréable situation sur la rive droite de la Seine, dans une vallée bordée de coteaux élevés, où débouchent les vallons de Deville et de Darnetal. Elle est, en général, assez mal bâtie, et formée de rues étroites et mal percées ; mais aucune ville de France ne possède autant d'édifices publics dignes d'admiration. Le quai est superbe et offre une vue magnifique sur le cours de la Seine, où la marée s'élève très-haut et favorise la remonte des bâtiments de deux cents tonneaux.

La cathédrale de Rouen est un monument aussi remarquable par l'ancienneté de son origine que par sa structure imposante. La nef et les collatéraux passent pour avoir été construits au commencement du douzième siècle ; plus tard on ajouta la croisée et les chapelles de l'immense édifice qu'on admire aujourd'hui, et qui fut l'ouvrage de plusieurs siècles, à partir du treizième jusqu'au seizième inclusivement, en exceptant toutefois la base de la tour de Saint-Romain, dont la construction remonte à une époque beaucoup plus reculée. — La façade de cette basilique, quoique bâtie à diverses reprises, n'en offre pas moins un majestueux ensemble et une grande richesse de détails. La longueur de l'église, depuis le grand portail jusqu'à l'extrémité de la chapelle de la Vierge, est de 132 mètres 59 centimètres ; la largeur d'un mur à l'autre est de 31 mètres 82 centimètres ; la hauteur de la nef est de 27 mètres 29 centimètres ; au centre de la croisée est la lanterne, soutenue par quatre gros piliers supportant le soubassement d'une tour carrée, sur laquelle s'élève une pyramide en fer fondu d'assez mauvais goût, de 132 mètres de hauteur. — La tour méridionale, dite Georges-d'Amboise, est d'une belle structure ; elle est percée de quatre fenêtres sur chaque face, décorée d'entrelacs et surmontée de pignons à jour ; au-dessus des fenêtres règne une terrasse bordée d'une balustrade : en cet endroit la tour prend une forme octogone. — La tour dite de Saint-Romain est d'une construction très-simple.

L'intérieur de la cathédrale de Rouen présente un bel aspect. Elle reçoit le jour par cent trente fenêtres, garnies pour la plupart de vitraux de couleur, et est, en outre, éclairée par trois grandes rosaces de la plus grande beauté ; celle de l'ouest, surtout, n'a pas de rivales pour l'éclat des couleurs, la délicatesse et le luxe des ornements : au centre est placé le Père éternel au milieu d'une multitude d'anges. — Vingt-cinq chapelles règnent dans le pourtour de la cathédrale. Dans celle située à droite, à l'extrémité du collatéral de la nef, est le tombeau de Rollon ; en face, à l'extrémité du collatéral de gauche, et près d'un bel escalier, dans le genre flamboyant, qui conduit à la bibliothèque, est le tombeau de Guillaume Longue-Épée. — Le chœur, entourée de quatorze colonnes, est éclairé par quinze grandes croisées du quinzième siècle ; il renferme de curieuses stalles dont les consoles sont décorées d'intéressantes sculptures. — De grands souvenirs se rattachent à cette partie du monument. Au milieu du sanctuaire fut déposé le cœur de Charles V ; à la droite du grand autel celui de Richard Cœur-de-Lion. — Dans une des travées de la chapelle de la Vierge se trouve le tombeau élevé à Louis de Brézé par Diane de Poitiers ; au milieu de quatre colonnes de marbre noir, qui supportent le mausolée, est un cercueil sur lequel gît la statue en marbre blanc du grand sénéchal de Normandie; le mort est étendu sur le dos, il vient d'expirer. La perfection de cette sculpture, la beauté de la frise, de l'entablement et de tous les détails de la partie supérieure du monument, portent à croire qu'ils sont dus au ciseau de Jean Goujon. — Du côté opposé s'élève le magnifique tombeau des cardinaux d'Amboise, que décorent leurs statues. — Le beau tableau de Philippe de Champagne, qui orne l'autel de la chapelle de la Vierge, la clôture en maçonnerie et la porte en fer de la sacristie, ouvrage curieux de la fin du quinzième siècle, ne sont pas les beautés les moins remarquables que renferme cette admirable basilique.

L'église de Saint-Ouen, commencée en 1318, est un des plus admirables temples chrétiens du moyen âge. On ne peut voir rien d'aussi beau, et assurément rien de plus beau que le vaisseau de cette église. Du grand portail occidental on aperçoit le chœur dans tout son ensemble ; c'est un cercle, ou plutôt une ellipse entourée de hauts piliers formés de colonnes réunies en faisceaux, et dégagée de toute espèce de cloison qui pourrait en masquer la vue ; il est impossible de rien imaginer, sous ce rapport, de plus aérien : le fini et la délicatesse de ces piliers est une chose vraiment étonnante. Il existe sans doute des basiliques plus vastes, mais il en est peu qui, comme celle-ci, réunissent à moins de défauts dans les proportions autant de perfection dans la masse. — Onze chapelles, y compris celle de la Vierge, environnent le chœur de l'église, dont la longueur est de 135 mètres 19 centimètres, la largeur, en y comprenant les collatéraux, de 25 mètres 33 centimètres, et la hauteur, sous clef de voûte, de 33 mètres. Elle reçoit le jour par cent vingt fenêtres sur trois rangs, sans y comprendre les trois rosaces. Le second rang de ces fenêtres éclaire une galerie circulaire intérieure qui règne au-dessus des collatéraux, où plusieurs de ces fenêtres présentent des vitraux d'une grande beauté. — Au centre de l'édifice s'élève majestueusement une admirable tour à base carrée de 78 mètres de hauteur, percée sur chaque face de deux grandes fenêtres, surmontées de pignons à jour, du style le plus riche et le plus élégant : la partie supérieure de cette tour est de forme octogone, flanquée de quatre tourelles qui se rattachent aux angles par de légers arcs-boutants, et terminée par une couronne ducale travaillée à jour de l'effet le plus pittoresque.

L'église Saint-Maclou est un diminutif de celle de Saint-Ouen. L'intérieur mérite l'attention des curieux, par le tombeau de Richard Cœur-de-Lion et par sa belle vitrerie. — L'église Saint-Patrice, brillante production de la renaissance, offre des vitraux de la plus grande beauté. — L'église Saint-Romain renferme le tombeau en granit de saint Romain, et est aussi décorée de beaux vitraux. — L'église Saint-Gervais, élevée sur l'emplacement d'une ancienne chapelle, renferme une crypte curieuse qui n'a pas moins de seize siècles d'existence, où l'on descend par un escalier de vingt-huit marches en pierre.

Le Palais de justice est un des monuments les plus curieux de Rouen. Sa façade, exposée au midi, est décorée de tout ce que l'architecture de la fin du quinzième siècle a de plus riche et de plus délicat. Les piliers angulaires des trumeaux, chargés de dais, de statues et de clochetons, les ornements multipliés qui entourent les fenêtres et ceux qui accompagnent et surmontent celle du toit, la jolie balustrade en plomb qui termine ce toit, la charmante série d'arcades qui règnent en forme de galerie sur toute la longueur de l'entablement, et surtout l'élégante tourelle octogone qui divise la façade en deux parties égales, sont d'une grande beauté. — Dans l'intérieur on remarque la salle des Procureurs, longue de 55 mètres 21 centimètres, et large de 16 mètres 24 centimètres. Sa voûte immense n'est soutenue par aucun pilier. — Au fond de la salle des Procureurs, à droite, est une porte qui donne dans l'ancienne grand'chambre, regardée comme une des plus belles que l'on connaisse : le plafond, en bois de chêne, à compartiments et caissons, est décoré de rosaces et d'ornements en bronze doré.

Les halles de Rouen répondent, par leur construction, au grand commerce qui s'y fait en tout temps ; elles passent pour les plus grandes et les plus commodes qu'il y ait en France. Celle aux rouenneries, qui est la plus fréquentée, est une salle de 90 mètres de long sur 17 mètres de large, voûtée en plein cintre, et soutenue de distance en distance par des colonnes en pierre.—Ces halles, ouvertes tous les vendredis depuis six heures du matin jusqu'à midi, sont alimentées par les immenses fabriques des pays environnants ; dès la veille, tout ce qu'il y a de marchands et de fabricants à cent kilomètres à la ronde s'y rendent en foule ; l'affluence des vendeurs et des acheteurs est si considérable, que le nombre des habitants de Rouen s'accroît ce jour-là d'un quart.

SEINE INFÉRIEURE

F. A. Pernot del. [illegible] Paris [illegible]

LE HAVRE

LE HAVRE.

Le Havre n'est pas une ville ancienne. Il n'en est pas même question avant le quinzième siècle; c'est à la ruine d'Harfleur qu'il a dû son origine. Louis XII conçut le premier ce projet utile : il jeta les fondements du Havre en 1509, et s'occupa d'en augmenter les fortifications; mais c'est à François Ier que cette ville est redevable des premiers développements de sa splendeur maritime.

François Ier n'épargna aucun sacrifice pour engager les habitants des environs à venir se fixer dans cette nouvelle ville, qui sortait pour ainsi dire du sein des eaux, et qui ne paraissait pas devoir jouir de longtemps des bienfaits du commerce. Il accorda des exemptions de taille et de grands priviléges; il abandonna à la ville naissante le revenu total des fermes publiques.

Henri II succéda à François Ier en 1547. A son avénement au trône, le Havre commençait à avoir l'apparence d'une ville fortifiée.

Appelé à être une des clefs de la France, le Havre vit augmenter ses fortifications; on y construisit une citadelle qui fut rasée sous Louis XIII, pour être rebâtie sur un plan nouveau d'après les ordres du cardinal de Richelieu, qui s'en fit nommer gouverneur.

Depuis son origine, le Havre a subi plusieurs changements; il fut d'abord composé de deux quartiers partagés, dans la direction du nord au sud, par l'arrière-port et le bassin du roi, le seul qu'il y eût alors. On nommait le plus grand Notre-Dame, et le plus petit Saint-François, par allusion aux églises qu'ils renfermaient. Sa forme était à peu près celle d'un carré long : la tour de François Ier et celle de Vidame, élevées à l'entrée du port, en défendaient l'approche; la citadelle dont nous avons parlé protégeait la ville du côté de la Seine. Sous Louis XVI, l'enceinte de la ville fut augmentée d'une superficie presque aussi considérable que l'ancienne, et dans une situation qui lui est parallèle; une partie des fortifications et la porte dite d'Ingouville furent démolies, et la citadelle fut remplacée par un quartier militaire.

Le Havre est maintenant entouré d'un triple fossé arrosé d'eau de mer, qu'on y introduit au moyen d'écluses. Les remparts extérieurs sont soutenus par des rangs de pieux; celui intérieur est appuyé de fortes murailles. Ce dernier est surmonté d'un parapet et orné de superbes allées d'arbres. On entre dans la ville par cinq portes à ponts-levis. L'ancienne ville n'était jadis composée que de maisons de bois, désagréables à la vue; mais peu à peu elles disparaissent pour faire place à d'autres construites en briques ou en pierres. On y a bâti de forts beaux hôtels qui réunissent aux recherches du luxe des emménagements propres aux plus vastes spéculations commerciales. Le quartier de la nouvelle enceinte, quoique n'étant pas entièrement bâti, présente néanmoins un aspect très-régulier: plusieurs maisons d'un fort bon goût s'y remarquent çà et là. Les rues qui le traversent sont ce qu'on peut imaginer de plus propre à en rendre le séjour salubre; elles sont larges, et leurs ouvertures tellement disposées, que les vents des principales régions peuvent dissiper les exhalaisons.

Le Havre est agréablement situé au bord de l'Océan, à l'embouchure et sur la rive droite de la Seine, dans une plaine fertile occupée avant le quinzième siècle par des marais salants, et que l'eau de la mer a dû couvrir entièrement à une époque peu reculée.

Le port du Havre est le plus accessible de la France. Son étroite entrée, formée par deux longues jetées qui s'étendent de l'est à l'ouest, pratiquée entre deux bancs de sable et de galets, que l'on est obligé de déblayer sans cesse pour conserver à ce port la seule issue qu'il offre aux navires. La hauteur de l'eau à la pleine mer varie dans le chenal à chaque marée en raison de l'élévation de ces marées. Dans les plus grandes mers, elle est de 6 mètres 66 centimètres, et de

3 mètres 33 centimètres dans les petites mortes eaux. — L'entrée si resserrée du Havre, et qui n'a guère que la largeur de quatre navires ordinaires, conduit à l'avant-port, dont la forme irrégulière figure sur le front du bassin un trapèze un peu arrondi vers ses angles. Cet avant-port est d'une assez médiocre étendue. Une circonstance phénoménale, et unique dans les vicissitudes qu'éprouvent les marées, a donné au port du Havre toute l'importance dont il jouit, à l'exclusion des autres ports de la Manche. Il résulte de sa position par rapport au cours de la Seine, que, lorsque la mer est haute dans l'avant-port, la marée, après avoir atteint son maximum d'élévation, reste pleine pendant trois heures de suite, tandis que sur les autres parties du rivage environnant la marée commence à descendre presque aussitôt qu'elle a cessé de monter. Cette exception à la loi générale des marées, en faveur du port du Havre, a pour effet de donner aux navires entrants et sortants le tirant d'eau nécessaire à la durée de tous leurs mouvements.

Le Havre compte quatre bassins à flot : le *bassin de la Barre*, commencé en 1800, et terminé en 1818; le *bassin du Commerce* ou *d'Ingouville*, terminé en 1818; le *vieux bassin*, creusé il y a plus d'un siècle, et reconstruit ou réparé à plusieurs époques; le *bassin de Vauban*, construit il y a quelques années.

Il y a deux rades au Havre : l'une, appelée Petite-Rade, n'est éloignée que d'une demi-portée de canon du rivage; l'autre, qu'on nomme la Grande-Rade, est à plus de 8 kilomètres en mer. Elles ont toutes deux le défaut des rades foraines.

Le Havre offre peu de monuments remarquables. Les principaux sont :

LA TOUR DE FRANÇOIS Ier, solidement construite en pierres calcaires, et dont la hauteur est de 24 mètres et le diamètre de 26; elle se termine par un parapet découpé de douze embrasures.

L'ÉGLISE NOTRE-DAME, fondée vers 1540, et achevée à la fin du seizième siècle. Elle est bâtie en forme de croix, dans le style de l'architecture florentine ou de la renaissance, mélange bizarre de l'antique et du gothique. La longueur du vaisseau est de 80 mètres; sa voûte est soutenue par vingt-quatre arcades en plein cintre, entre les développements desquelles pendaient autrefois des culs-de-lampe maintenant abattus.

L'église Saint-François, commencée en 1553, sous François Ier, et terminée en 1681.

La salle de spectacle, construite en 1817, incendiée en 1843 et rééditiée en 1844.

Les environs du Havre ont, du côté du nord, un aspect riant et pittoresque, soit que le spectacle qu'ils présentent prenne son charme des beautés agrestes d'une végétation dans toute sa force, soit qu'il les reçoive des imposantes scènes que lui prête l'Océan. « La vue de la jetée principale, dit M. A.-M. de Saint-Amand, mérite surtout la plus grande attention. Quel spectacle ravissant! Sur la gauche se dessinent au loin les pointes de Quillebeuf et de Tancarville, presque en face Honfleur et ses environs bocagers; à droite, l'immensité! Le ciel et l'eau se confondent, et l'on ne voit pas sans effroi le faible esquif luttant, à l'horizon, contre les flots et les vents conjurés. Ici est le promontoire de la Hève; deux phares le dominent, et indiquent au nocher les passages dangereux et ceux qui lui seront favorables... Monté au haut des phares où sont placés ces fanaux, élevés à 136 mètres au-dessus du niveau de la mer, quel sublime aspect! La plus pompeuse description ne ferait qu'affaiblir les sensations que l'on éprouve en embrassant à la fois quatre des plus riches départements de la France et le cours sinueux de cette majestueuse rivière qui vient à vos pieds porter son tribu au roi des eaux. »

NANTES.

Avant la conquête des Gaules, Nantes était la capitale des *Namnètes*, et était déjà une cité assez puissante pour secourir les peuples qui osaient résister aux Romains. En 445, elle soutint un siége terrible contre les Huns. Les Normands la prirent d'assaut en 843 et en massacrèrent les habitants. Assiégée sans succès par les Anglais en 1343, après le décès d'Anne, dernière duchesse de Bretagne, elle fut réunie à la France vers 1533.

La ville de Nantes est dans une situation très-avantageuse pour le commerce sur la ligne du chemin de fer de Paris à l'Océan, et sur le canal de Nantes à Brest. Elle est bâtie à l'extrémité d'immenses prairies bordées de coteaux couverts de vignes, sur la rive droite de la Loire, qui s'y divise en plusieurs bras, au confluent de l'Erdre et de la Sèvre nantaise. Cette ville est, en général, très-bien bâtie, bien percée, et remarquable par la régularité de ses places publiques; l'île Feydeau, le quartier Graslin, la place Nationale, peuvent être comparés aux plus beaux quartiers de la capitale. Les quais surtout sont superbes. Le coup d'œil frappant de la Loire, couverte de navires et de bateaux de toute espèce; les îles et les prairies qui s'étendent le long du fleuve; les ponts au bout desquels on aperçoit, pour ainsi dire, une seconde ville; le port de la Fosse, feront toujours l'admiration des étrangers.

Le quai ou port de la Fosse s'étend sur une longueur de 2 kilomètres, depuis le château jusqu'à l'ermitage. Du côté du fleuve, il est ombragé de beaux arbres sur une grande partie de sa longueur, et bordé de très-belles maisons, ornées de balcons somptueux et variés à l'infini. Les quais qui bordent ce port, couvert de navires de toutes les nations, forment une promenade très-fréquentée, qu'animent sans cesse les arrivages, les départs et les travaux de la navigation. La multitude des matelots et des ouvriers qui amènent les marchandises, et qui font les déchargements ; les nombreux et vastes magasins qui occupent le rez-de-chaussée des hôtels de ce quai, d'une situation si précieuse pour tout ce qui tient au commerce ; la perspective du fleuve et de ses îles, tout contribue à donner à ce port un air de splendeur et de magnificence. — Ce quai a été prolongé récemment de toute la longueur des anciens chantiers de construction, qui ont été transportés sur l'autre rive. C'est une magnifique promenade que la Fosse, par un beau soir, quand le soleil couchant disparait à travers la forêt de mâts et de cordages qui s'élèvent sur la Loire.

Les monuments les plus remarquables de Nantes sont :

Le château, bâti par Alain Barbe-Torte en 938. C'est une énorme masse de bâtiments irréguliers, flanquée de tours rondes, et dominée aujourd'hui de toutes parts.

Le château de Bouffay, bâti sur la fin du dixième siècle. La tour polygonale très-élevée qu'on y voit aujourd'hui fut construite en 1662 : elle renferme l'horloge et la cloche du beffroi.

L'église cathédrale, dédiée à saint Pierre, bel édifice construit en 1434. Le portail, composé de trois entrées, est décoré d'une multitude de ravissantes figurines en pierre d'un effet admirable, distribuées en petits groupes et sculptées en hauts-reliefs ; elles sont d'une pureté de dessin qui étonne pour le siècle où elles ont été exécutées. L'intérieur de l'église consiste presque tout entier dans une belle nef, qui paraît d'autant plus haute qu'elle est moins grande. Dix piliers suffisent pour la soutenir : ils semblent s'élever jusqu'aux nues. La nef transversale, qui devait former la croix latine, et le chœur, qui devait être la plus belle partie de cet ensemble, restent encore à faire. Le chœur, lourd, bas et sombre de la vieille église bâtie par saint Félix au sixième siècle, conservé lors de la reconstruction, fut bizarrement adapté dans le dix-septième siècle à cette majestueuse nef du quatorzième, et, au lieu d'achever la nef transversale, on la supprima. La partie qui s'est trouvée construite forme, à droite du chœur, une espèce d'avant-sacristie où a été transporté de l'église des Carmes, démolie dans la révolution, le tombeau que la reine Anne fit élever à François II, son père, dernier duc de Bretagne.

Ce magnifique mausolée, chef-d'œuvre de Michel-Colomb, fut exécuté en 1507. Il est entièrement en marbre blanc, noir et rouge, élevé de cinq pieds et posé sur un socle de marbre blanc, couvert d'une mosaïque qui entrelace des lettres F et des hermines. Sur le tombeau sont couchées deux statues en marbre blanc, de grandeur plus que naturelle, représentant François II et Marguerite de Foix, sa seconde femme, ayant une couronne et le manteau ducal. Des carreaux, soutenus par trois anges, supportent leur tête, et, à leurs pieds, un lion et un lévrier tiennent entre leurs pattes les armes de Bretagne et de Foix. Aux quatre angles, quatre statues de hauteur naturelle représentent, avec leurs attributs, les vertus cardinales : la justice, la tempérance, la prudence et la force. Dans la statue emblématique de la justice est représentée Anne de Bretagne, sous le costume et sous les attributs de reine et de duchesse, avec la couronne fleurdelisée et fleuronnée sur la tête. Aux deux côtés sont les douze apôtres en marbre blanc, dans des niches de marbre rouge. Au bout, et du côté de la tête du tombeau, sont saint François d'Assise et sainte Marguerite, patrons du duc et de la duchesse ; du côté des pieds se trouvent Charlemagne et saint Louis. La base est ornée de seize petites figures représentant des pleureuses, dont le visage et les mains sont en marbre blanc et le reste du corps en marbre noir.

L'HÔTEL DE LA PRÉFECTURE, bâti en 1777. C'est le plus bel édifice de Nantes. Il a deux belles façades d'ordre ionique : la principale, donnant sur la rue qui conduit à la cathédrale, est ornée d'un fronton supporté par quatre colonnes qu'accompagnent douze pilastres distribués à droite et à gauche. La façade qui donne sur l'Erdre n'a qu'un fronton isolé et quatre colonnes sans accompagnement.

LA SALLE DE SPECTACLE, construite sur la place Graslin en 1787. Un beau péristyle de huit colonnes d'ordre corinthien en forme la façade : les quatre colonnes du milieu sont répétées à l'entrée d'un vestibule auquel on arrive par un vaste perron qui occupe toute la largeur de la façade. L'intérieur, formé de quatre rangs de loges, peut contenir treize cents personnes. C'est une des plus belles salles de spectacle des départements, après celles de Bordeaux et de Dijon. Huit statues représentant les Muses couronnent le frontispice.

On remarque encore à Nantes : l'église Saint-Similien ; la chapelle de Saint-François de Sales ; l'Hôtel-Dieu ; l'hôpital général de Saint-Jacques, qui a remplacé l'hospice du Sanitat ; l'ancien hôtel des monnaies, où l'on a transféré les tribunaux ; le musée de peinture ; la bibliothèque publique, renfermant trente mille volumes imprimés et un grand nombre de manuscrits précieux ; la halle au blé, la halle aux toiles ; la maison dite du Chapitre, située sur la place de la Cathédrale, dont le balcon est décoré par quatre cariatides en bas-reliefs, d'après les cartons de Pujet ; l'hôtel Briord ; l'hôtel de Rosmadec, ancienne demeure des sires de Goulaine ; l'hôtel d'Aux ; l'hôtel Deurbroucq ; les maisons du quai Brancas, dont l'immense façade, ornée de pavillons et de pilastres d'ordre ionique et dorique, présente l'aspect d'un véritable palais ; l'observatoire de la marine et celui de la place Graslin, etc., etc., et, dans les nouveaux quartiers, un grand nombre de beaux hôtels d'une riche architecture.

CHÂTEAU DE CLISSON.

LOIRE INFÉRIEURE.

CHATEAU DE CLISSON.

La petite ville de Clisson est bâtie dans une situation pittoresque, au confluent de la Maine et de la Sèvre nantaise, dont les bords riants offrent des sites délicieux, comparables à ceux de la Suisse et de l'Italie.

Sur un roc qui domine la ville et ses charmants alentours, s'élèvent les ruines majestueuses du vaste et antique château de Clisson, dont les hautes tours et les créneaux festonnés de lierre offrent un aspect imposant. Près de la porte du Sud, qui sert aujourd'hui de porte de ville, commencent les murailles fortifiées qui environnaient la ville et le château. A côté de cette porte, on monte par un boulevard garni d'arbres qui conduit aux secondes douves, remplies d'acacias, de pins, où se trouve la petite porte de l'esplanade.

L'entrée ordinaire est par la grande porte du Nord; elle est accompagnée d'une plus petite, qui, comme elle, avait son pont-levis. A gauche, des lierres descendent en guirlandes sur ces murs antiques, et cet arbuste, dont les anciens couronnaient leurs déités champêtres, tapisse aujourd'hui de ses festons toujours verts ces débris, dont la structure massive atteste le génie belliqueux des temps féodaux. On passe dans la dernière cour, toute garnie d'arbres, où l'on rencontre partout les vestiges des ravages des hommes, aussi terribles, mais moins éloquents que les injures du temps. Au milieu de ces restes d'une grandeur qui n'est plus, on remarque des bâtisses récentes. Sur la gauche, on descend dans des caveaux humides; c'étaient des cachots qui ne recevaient le jour que par des grilles. Si l'on veut pénétrer dans le lieu où se retiraient les anciens possesseurs du château, il faut revenir sur ses pas. On entre alors dans un bastion qui protége deux ormes, dont la vieillesse témoigne si bien de la vétusté de ces ruines. Après avoir franchi dix portes, dont plusieurs sont garanties par des pont-levis et des herses ménagées dans des murs de trois mètres d'épaisseur, on parvient à la dernière cour. C'est là que se trouvaient les habitations de ces guerriers, qui faisaient une prison de leur séjour, et qui ne se croyaient en sûreté que quand ils étaient inaccessibles.

Le milieu de la cour était marqué par un puits, témoin des cruautés les plus atroces des guerres de la Vendée. Ce puits est comblé aujourd'hui... Un arbre funéraire, planté dans son emplacement, proclame, avec le souvenir de la tombe qui efface tout, l'oubli pour le meurtrier, la pitié pour la victime. — Ici mille sensations confuses assiégent le voyageur qui considère ces murailles assises sur le granit pour rivaliser de durée avec lui. Des chambres ont été pratiquées dans leur intérieur : et on dirait la demeure de géants usurpée par des pygmées. Si quelque chose peut donner une idée de ces maçonneries gigantesques, c'est le foyer de la cuisine, divisé en deux cheminées d'une longueur de 6 mètres sur 3 mètres de profondeur.

Le soleil luit maintenant dans ces tours, qui ne recevaient le jour que par d'étroites ouvertures. Le vent siffle dans ces salles désertes, où résonnait si souvent le cliquetis des armes. Les plantes sauvages escaladent ces remparts éboulés, où flottaient les bannières orgueilleuses. Ces murs, qui avaient résisté tant de fois aux attaques de l'homme, n'ont pu soutenir les assauts du temps. — Les fenêtres, partagées par une croix de pierre, la forme des créneaux, des mâchecoulis, le plan même de l'édifice, tout annonce cette architecture sarrasine, née dans des climats plus doux, et qui paraît étrangère à ce sol humide. En effet, le plan, l'élévation et les détails du château de Clisson ont complétement le caractère de l'architecture mauresque dans toute sa pureté. M. Cassas, peintre distingué, célèbre par ses belles aquarelles de la Grèce et de la Turquie, a remarqué que la forme des créneaux et des mâchecoulis de ce château était parfaitement semblable à celle de ceux du château de Césarée, dans la Palestine, vulgairement nommé la Tour des Pèlerins, qu'il a dessiné.

Olivier Ier, surnommé le Vieux, pour transmettre à ses descendants les glorieux souvenirs de ses faits d'armes, bâtit, à son retour des croisades, en 1225 le château de Clisson, sur l'emplacement occupé par l'ancien manoir de sa famille. Sa position sur un rocher, au confluent de la Maine et de la Sèvre, était alors regardée comme très-forte. Le sire de Clisson l'entoura de fortifications qui datent d'une époque antérieure à l'invention de l'artillerie, et qui sont si savamment combinées, qu'elles font encore aujourd'hui l'admiration des gens de l'art. Olivier IV, son petit-fils, né au château de Clisson, y ajouta de nouveaux ouvrages. En 1420, la seigneurie de Clisson était possédée par sa fille, Marguerite, mariée au comte de Penthièvre. On connaît l'attentat commis par l'ambitieuse Marguerite et par ses fils sur la personne de Jean V : s'étant rendus maîtres, par une coupable trahison, de ce malheureux prince, ils l'enfermèrent dans le château de Clisson, où on lui fit subir, durant cinq mois de captivité, les traitements les plus indignes. Cette perfidie des Penthièvre leur coûta cher; toute la noblesse s'arma contre eux; les états s'étant assemblés, les condamnèrent à perdre la tête, et prononcèrent la confiscation de leurs biens. Jean V, sorti de sa prison, disposa de Clisson en faveur de son frère Richard de Bretagne, qui y établit sa résidence. Ce domaine resta dans la maison de ce prince jusqu'au règne de François II, qui en forma l'apanage de Charles d'Avaugour, son fils naturel. La maison d'Avaugour posséda cette antique demeure de 1474 à 1746, époque où elle passa dans la maison de Rohan-Soubise. Devenu propriété nationale à l'époque de la Révolution de 1789, la caisse d'amortissement le mit en vente en 1807; il devint alors la propriété de M. Lemot, membre de l'Institut, qui y fit faire quelques réparations pour en empêcher l'entière destruction.

Du douzième au treizième siècle, le château de Clisson a joué un rôle important dans les annales de notre histoire; il était regardé alors comme le boulevard de la Bretagne : plusieurs armées échouèrent devant ses murailles. Le duc Jean le Roux, ayant voulu réprimer la rébellion d'Olivier Ier, vint mettre le siége devant cette forteresse, et fut obligé de se retirer avec perte. Longtemps après, pendant les guerres de la Ligue, Henri IV et le duc de Mercœur cherchèrent tour à tour à s'en emparer sans succès. — Que d'imposants souvenirs se réveillent à l'aspect de ce manoir féodal aujourd'hui en ruines! Richard de Bretagne y mourut; François II, son fils, y reçut le jour; le héros de Bovines, Philippe-Auguste, s'arrêta dans ses murs en 1205; vingt-cinq ans plus tard, ils reçurent le roi Louis IX et la reine Blanche, sa mère; Louis XII, lorsqu'il n'était que duc d'Orléans, vint y chercher un asile contre les persécutions de madame de Beaujeu.

Charles VIII et la duchesse Anne, son épouse, y donnèrent, lors de leur voyage en Bretagne, des fêtes splendides à la noblesse, accourue de toutes parts sur leur passage. On cite encore parmi les hôtes illustres de ce château : le politique et superstitieux Louis XI, le chevaleresque François Ier, le roi Charles IX, Catherine de Médicis, Henri IV, Louis XIII, Louis XIV, etc., etc. — Le duc de Bretagne François II affectionnait singulièrement le séjour de Clisson, dont il fit sa résidence favorite, et où il réunissait une cour nombreuse et galante : on conserve encore la mémoire des brillants tournois qu'il y donna sur les bords de la Maine; c'est dans la chapelle du château qu'il épousa en secondes noces Marguerite de Foix, fille du roi de Navarre.

Ces jours de splendeur furent les derniers. Sous les barons d'Avaugour, Clisson perdit peu à peu sa célébrité, et la réunion de la Bretagne à la France lui fit perdre presque toute son importance comme place de guerre: il n'en est plus fait mention dans l'histoire de la monarchie depuis les troubles de la Ligue. — Aujourd'hui, les portes en ogive du château, ses doubles herses, ses triples ponts-levis, ses galeries, sont livrés au silence, aux oiseaux de proie et aux ronces; le lierre et les plantes sauvages croissent sur ses murailles, et recouvrent des inscriptions et des vers. Qu'est devenue cette cour galante de François II? Que reste-t-il des fêtes brillantes qu'il donnait dans son enceinte à la belle Antoinette de Villequier? Où sont les armées royales et les nobles cortéges qui accompagnèrent dans ce château Philippe-Auguste, Louis XI, Louis XII, François Ier, etc.? Que sont devenus les souverains de la France et de la Bretagne qui visitèrent ou habitèrent cet antique manoir? Tout a pour jamais disparu depuis longtemps.

Dès le dix-septième siècle, une partie du donjon s'était écroulée, et on ne tenta pas de la rétablir; mais le reste des appartements du château était encore intact et habité au commencement de la guerre de la Vendée, bien que les fortifications fussent dégradées. Les troubles révolutionnaires ont détruit tout ce que les orages du temps avaient respecté; la flamme a tout consumé, hors les murs extérieurs et quelques autres constructions, seuls restés debout, mais qui offrent une des plus imposantes et des plus magnifiques ruines que l'on connaisse.

Parmi les sites enchanteurs qu'offrent les environs de Clisson, on cite surtout la Garenne comme l'un des plus beaux parcs paysages.

TABLE DES MATIÈRES.

	Pages.
Préface.	1
Paris, capitale de la civilisation.	1
— Hôtel de Ville de Paris.	5
— Église Notre-Dame de Paris.	9
— Hôtel des Invalides.	13
— Colonne de la Grande-Armée.	17
— Hôtel de la Victoire, habitation du général Bonaparte.	23
Versailles.	25
Saint-Cloud.	29
Reims.	33
Troyes.	37
Nimes. — Amphithéâtre.	41
— Maison-Carrée.	45
Strasbourg.	49
Poitiers.	53
Lyon.	57
Orléans.	61
Gien.	67
Grenoble.	69
— Fourvoirie, entrée de la Grande-Chartreuse.	73

TABLE.

	Pages.
Clermont-Ferrand.	77
Mont-Dore-les-Bains.	81
Pont-Gibaud.	87
Pont du Gard.	89
Avignon.	93
Orange.	98
Marseille.	101
Bordeaux.	105
— Cathédrale.	109
— Grand Théâtre.	113
Rouen.	117
Le Havre.	121
Nantes.	125
Clisson.	129

E. BLANCHARD, ANCIENNE LIBRAIRIE **HETZEL,**
RUE RICHELIEU, 78.

SPÉCIALITÉ — LIVRES D'ÉTRENNES POUR LES ENFANTS

18 volumes illustrés se vendant séparément brochés ou reliés.

NOUVELLE ÉDITION COMPLÈTE DU

NOUVEAU MAGASIN DES ENFANTS

ÉDITION ET FORMAT J. HETZEL. SUR VÉLIN SUPERFIN.

Le Vicaire de Wakefield, traduction de Ch. Nodier; illustré par Jacques. 1853. 2 vol. 4 fr.

Histoire du véritable Gribouille, par George Sand; illustrations par Maurice Sand; gravure de H. Delaville. 1 vol. 2 fr.

Le Royaume des Roses, par Arsène Houssaye; vignettes par Gérard Séguin. 1 vol. 2 fr.

Les Fées de la Mer, par Alphonse Karr; vignettes par Lorentz. 1 vol. 2 fr.

Contes de Perrault, illustrés par Grandville, Gérard Séguin, etc., etc. 2 fr.

Les Aventures de Tom Pouce, par P.-J. Stahl; 150 vignettes par Bertall. 1 vol. 2 fr.

La Bouillie de la comtesse Berthe, par Alexandre Dumas; 150 vignettes par Bertall. 1853. 1 vol. 2 fr.

Trésor des Fèves et Fleur des Pois, par Ch. Nodier; 100 vignettes par Tony Johannot. 1853. 1 vol. 2 fr.

Histoire d'un Casse-Noisette, par Alexandre Dumas; 220 vignettes par Bertall. 2 vol. 4 fr.

La Mythologie de la Jeunesse, par L. Baude; 120 vignettes par Gérard Séguin. 1 vol. 2 fr.

Aventures du prince Chênevis, par Léon Gozlan; 100 vignettes par Bertall. 1853. 1 vol. 2 fr.

Monsieur le Vent et Madame la Pluie, par Paul de Musset; 120 vignettes par Gérard Séguin. 1 vol. 2 fr.

Vie de Polichinelle et ses nombreuses Aventures, par Octave Feuillet; 100 vignettes par Bertall. 1853. 1 vol. 2 fr.

Histoire de la Mère Michel et de son Chat, par E. de La Bédollierre; 100 vignettes par Lorentz. 1853. 1 vol. 2 fr.

Le Prince Coqueluche, par Ed. Ourliac; 100 vignettes par Gérard Séguin. 1 vol. 2 fr.

Le Livre des Petits Enfants. Alphabet, Exercices, Fables, Maximes; orné de 90 vignettes par Gérard Séguin, Meissonnier, etc. 1853. 1 vol. 2 fr.

CONTES DE CHARLES NODIER
Nouvelle édition, illustrée de 8 magnifiques eaux-fortes de Tony Johannot sur chine.
Un volume grand in-8°. 6 fr.

LE VICAIRE DE WAKEFIELD
Par GOLDSMITH, traduit par CHARLES NODIER.
Nouvelle édition, illustrée de 10 vignettes sur acier par Tony Johannot.
Un volume grand in-8°, 6 fr.

WERTHER DE GOETHE
Traduit par P. LEROUX, accompagné d'un travail littéraire par G. SAND.
Un beau volume grand in 8°, illustré de 10 magnifiques eaux-fortes sur chine. 6 fr.

HISTOIRE DE PARIS
Par THÉOPHILE LAVALLÉE.
Ouvrage illustré de 300 vues des principaux monuments et aspects de Paris, par Champin.
Le volume, 12 fr.

L'ARMÉE FRANÇAISE
IMPRIMÉE A L'HUILE ET EN COULEURS
Chaque sorte, collée sur carton et montée sur bois dans une boîte spéciale, se vend séparément.

18 boîtes formant l'armée complète, composée de 425 hommes, 25 fr.

SPÉCIALITÉ.

LIVRES D'ÉGLISE ET DE MARIAGE
EN TOUS GENRES.

PAROISSIENS, HEURES DE MONSEIGNEUR AFFRE
— édition Hetzel. —

MISSELS, JOURNÉES DU CHRÉTIEN, IMITATIONS, MOIS DE MARIE, ETC.
reliés en velours, soie moire, chagrin.

Fermoirs, Garnitures de volumes, Chiffres et Armoiries ; or, vermeil, argent, bronze, ivoire, bois, etc., etc.

— *Confection de housses en moire blanche.* —

SOUS PRESSE :
LE MOIS DE MARIE
ILLUSTRÉ PAR GÉRARD SÉGUIN,
Texte par M. L. B., ancien proviseur du collège Stanislas.
Approuvé par Monseigneur l'Archevêque de Paris.

PARIS. — IMPRIMERIE SIMON RAÇON ET Cⁱᵉ, RUE D'ERFURTH, 1.

www.ingramcontent.com/pod-product-compliance
Lightning Source LLC
Chambersburg PA
CBHW050631170426
43200CB00008B/975